도림맘의 초간단 아이간식

도림맘의 초간단 아이간식

2023년 08월 28일 1판 1쇄 발행
2023년 09월 05일 1판 2쇄 발행
—

지은이 배은경
감 수 조민수
펴낸이 이상훈
펴낸곳 책밥
주소 03986 서울시 마포구 동교로23길 116 3층
전화 번호 02-582-6707
팩스 번호 02-335-6702
홈페이지 www.bookisbab.co.kr
등록 2007.1.31. 제313-2007-126호
—

기획·진행 윤정아
디자인 디자인허브
사진 조정은
—

ISBN 979-11-93049-07-5 (13590)
정가 21,000원

책밥은 (주)오렌지페이퍼의 출판 브랜드입니다.

7개월 아이부터 시작하는 NO 첨가물! NO 방부제! 건강한 간식 레시피

도림맘의
초간단
아이간식

배은경 지음

책밥

초보 엄마 아빠도 할 수 있습니다.

바쁜 엄마도, 서툰 아빠도 손쉽게 요리할 수 있습니다. 요리를 못 한다고 두려워하지 마세요. 주방이 즐거워지는 시간, 아이가 행복해지는 시간, 도림맘의 초간단 아이간식입니다.

도림이가 태어나 이유식을 먹기 시작했을 때, 새로 마련해야 하는 것은 왜 이렇게 많은 건지 시작부터 난관에 부딪혔습니다. 아이 이유식용 칼, 도마, 냄비, 주걱, 용기, 숟가락 등 도구뿐만 아니라 아이가 먹는 음식 재료까지 신경 쓰이지 않는 부분이 없었습니다. 아침에 눈을 뜨자마자 수유하고 아이와 놀아주고 이유식을 준비하고 아이가 잠들면 또 여분의 이유식을 만드는 하루하루. 그렇게 쉼 없이 지내다 보니 저의 몸과 마음은 지쳐갔습니다.

그러던 어느 날 지친 몸을 이끌고 요리하려던 그때, 빨리 끝내고 싶은 마음에 준비한 재료를 냅다 한 덩어리로 반죽해 빵으로 만들어 보았습니다. 빠르게 만들고 휴식 시간을 갖기 위해서였죠. 근데 웬일일까요. 아이가 너무도 맛있게 먹는 것이었습니다. 그날이 도림맘의 초간단 아이간식이 탄생한 날입니다. 간단하지만 맛있는 영양 만점 간식이 만들어진 순간이죠.

'요리법을 간단하게' 하고 나니 문득 '아이를 위해 새로운 재료와 도구를 모두 준비할 필요가 있을까?'란 생각이 들었습니다. 이후 조금은 자유롭게 도구와 음식 재료를 활용하기 시작했습니다. 도림맘의 초간단 아이간식은 집에 있는 흔한 재료를 활용해 최소한의 도구로 빠르게 만드는 간식입니다. 따라서 이 책에서는 그동안 시간이 부족해 아이에게 직접 이유식 또는 유아식을 만들어 주지 못했던 부모에게 기분 좋은 소식을 전해 주리라 생각합니다. 주방이 두려웠다면 지금부터 조금씩 변화의 시간을 가져 보세요.

내가 열심히 만든 간식을 아이가 잘 먹지 않을 때도 있습니다. 그렇다고 실망하지 마세요. 손쉽게 만들 수 있으니 훌훌 털어내고 다시 해 보면 됩니다. 우리 아이들은 누구보다 엄마의 사랑으로 만든 간식을 기다리고 있으니까요. 간식이라고 해서 일반적으로 생각하는 과자나 과일이 아닙니다. 탄수화물, 단백질, 지방, 섬유질 등이 골고루 들어간 영양 만점 간식이죠. 따라서 도림맘의 초간단 아이간식은 간식은 물론 든든한 한 끼 식사가 되기도 합니다.

바쁘고 지친 일상에서 도림맘의 초간단 아이간식 레시피를 통해 부모의 사랑이 아이에게 고스란히 전해지도록 노력해 주세요. 부모가 즐거운 마음으로 만든 간식은 아이에게 큰 기쁨으로 전해집니다.

마지막으로 이 책이 세상에 나올 수 있도록 도움을 준 책밥 출판사 윤정아 에디터와 식구들, 간식을 예쁘게 촬영해 준 조정은 사진작가님 그리고 책 내용을 검토해 준 조민수 병원장님, 사랑하는 우리 도도자매와 냄파파에게 고마운 마음을 전합니다.

도림맘 배은경 드림

도림맘의
초간단 아이간식

prologue

intro

Chapter 1

팬 하나로 간편하게 만드는
프라이팬 간식

Chapter 2

노 오븐! 전자레인지 간식

Q&A

SNS 단골 질문

왜 아이간식이
필요할까?

간식은 끼니와 끼니 사이에 먹는 음식을 말합니다. 특히 아이의 경우 왕성한 신체 활동에 비해 한 번에 먹을 수 있는 양이 제한적이라 간식이 매우 중요합니다. 간식은 조금씩 자주 섭취할 수 있기 때문이죠. 영양소가 풍부한 간식은 아이 건강의 기반이 되고 올바른 식습관을 기르는 데도 도움이 됩니다.

모유나 분유만 먹던 아이가 이유식을 먹기 시작하고, 이유식을 늘리면서부터 모유나 분유를 먹는 횟수가 줄어듭니다. 시간이 흘러 삼시세끼 이유식 또는 유아식을 섭취하는 단계에 이릅니다. 2시간에 한 번 분유를 먹던 아이의 식사 간격이 점점 길어지다 보니 아이는 중간에 공복감을 느끼게 됩니다. 바로 이때, 부모는 아이에게 간식을 제공해야 합니다. 간식은 아이의 공복감을 채워주고 아이가 식사 간격에 적응할 수 있도록 도움을 줍니다.

간식은 죽이라는 하나의 형태에서 벗어나 전, 빵, 쿠키, 스틱, 떡, 퓌레 등 다양한 방식으로 제공할 수 있습니다. 그렇게 간식을 통해 여러 촉감을 경험하게 됩니다. 간식을 먹는 것 자체가 아이에게 놀이이자 학습인 셈이죠. 또 중기, 후기, 완료기 이유식 단계별로 아이에게 적당한 크기의 간식을 제공함으로써 저작운동을 배우고 구토반사 또는 구역반사를 줄이는 식습관을 아이 스스로 배우게 합니다.

따라서 간식은 길어지는 식사 간격 사이 부족한 영양소를 공급해 주는 역할인 동시에 아이가 직접 음식을 집어 입으로 가져가 먹는 아이 주도형 식습관의 시작이라고도 할 수 있습니다. 그뿐만 아니라 간식은 과일 또는 채소를 함께 곁들이며 이유식을 대체하는 균형 있는 한 끼 식사가 될 수도 있습니다.

마지막으로 최근 시판 영유아 식품을 아이에게 제공하는 사례가 늘고 있습니다. 편의성을 우선시한 선택이죠. 하지만 영유아 가공식품의 경우 제조 및 유통과정에서 식품첨가물이 포함돼 장기적으로 소아 내분비계나 성장 발달에 악영향을 미칩니다. 도림맘의 아이간식은 만드는 방법은 간단하지만, 집에 있는 재료로 직접 만들어 식품첨가물이 들어가지 않습니다. 따라서 아이의 건강과 안전을 보장할 수 있게 되죠. 간편하고 영양 만점인 도림맘의 초간단 아이간식을 우리 아이에게 만들어 주세요.

간식을 제공하는 시기와 방법

⚘ 간식을 제공하는 시기

도림맘의 아이간식 레시피는 아이에게 간식을 제공하는 시기를 월령이 아닌 이유식 단계에 따라 분류하고 있습니다. 아이마다 성장 속도와 알레르기 반응이 제각기 달라 월령이 아닌 이유식 단계별로 나눈 것입니다.

이유식 단계는 크게 초기, 중기, 후기, 완료기로 나눌 수 있습니다. 미음에 가까운 고운 입자를 제공하는 초기 이유식 단계는 음식을 입 안에 넣고 삼키는 것부터 적응해야 해 간식을 제공하기 어렵습니다. 따라서 간식은 중기 이유식 단계부터 등장하며 중기 이유식 단계에는 간식 1회, 후기 이유식 단계부터는 간식을 2회씩 제공할 수 있습니다.

	초기 이유식 (약 6개월 이후)	중기 이유식 (약 7개월 이후)	후기 이유식 (약 9개월 이후)	완료기 이유식 (약 12개월 이후)
수유량	800~1000ml	700~800ml	600~700ml	500ml 내외
이유식 양 (횟수)	30~80ml (1회)	70~120ml (2회)	100~150ml (3회)	120~180ml (3회)
간식 횟수	-	1회	1~2회	2회
간식 권장 열량 (kcal)	-	50kcal	70~100kcal	100~120kcal
총 권장 열량 (kcal)	500kcal	600kcal	700kcal	1000kcal

이 책에서는 간식 권장 열량을 기준으로 1회분을 안내하고 있습니다. 간식마다 중량이 다르고 영양소 함량도 달라 권장 열량을 기준으로 잡았습니다. 하지만 권장 열량은 아이의 체중과 활동량에 따라 다소 상이하니 개별적 적용이 필요합니다. 일반적으로 12개월 아이 기준 하루 권장 열량은 1000kcal로 10~15%를 간식으로 섭취하면 좋습니다.

🌿 50kcal는 달걀 노른자 1개, 과일퓌레 50ml, 쌀죽 60ml에 해당하는 양입니다.
🌿 70kcal는 삶은 달걀 1개, 고구마 50g, 과일퓌레 70ml, 쌀죽 100ml에 해당하는 양입니다.
🌿 100kcal는 식빵 1/2장, 고구마 100g, 쌀죽 150ml에 해당하는 양입니다.

해당 내용은 권장량이기 때문에 아이마다 하루에 섭취하는 분유와 이유식의 양, 아이의 컨디션에 따라 간식의 양도 달라질 수 있습니다.

⚘ 간식을 제공하는 방법

간식, 수유(분유), 이유식을 어떻게 조정하면 좋을까요? 아이마다 수유(분유)와 이유식의 주기는 다르지만 보통 수유(분유)와 이유식 사이에 간식을 주면 좋습니다. 수유(분유)와 이유식의 양이 충분하지 않은 날에 간식으로 영양을 보충해 주세요.

중기 이유식 단계 기준, 도림이의 하루 식사 간격

이유식에 막 적응한 단계로 늘어난 식사 간격에 맞춰 1회 간식을 제공해 주세요.

> 기상 및 수유 1회차 ⇨ 이유식 1회차 ⇨ 간식 1회차 ⇨ 수유 2회차 ⇨ 수유 3회차 ⇨ 이유식 2회차 ⇨ 수유 4회차 ⇨ 취침

후기 이유식 단계 기준, 도림이의 하루 식사 간격

수유 횟수가 4회에서 3회로 줄고, 이유식 횟수가 2회에서 3회로 늘어나는 단계입니다. 활동이 왕성해지는 시기인 만큼 간식 횟수를 1회에서 2회로 늘려 주세요.

> 기상 및 수유 1회차 ⇨ 이유식 1회차 ⇨ 간식 1회차 ⇨ 수유 2회차 ⇨ 이유식 2회차 ⇨ 간식 2회차 ⇨ 이유식 3회차 ⇨ 수유 3회차 ⇨ 취침

완료기 이유식&초기 유아식 단계 기준, 도림이의 하루 식사 간격

수유를 줄이고 점차 이유식이 아닌 일반식과 유사한 유아식을 제공하기 시작합니다. 아침과 점심, 점심과 저녁 사이에 간식을 제공해 공복감을 해소해 주세요.

> 기상 및 수유 1회차 ⇨ 이유식(또는 유아식) 1회차 ⇨ 간식 1회차 ⇨ 이유식(또는 유아식) 2회차 ⇨ 간식 2회차 ⇨ 이유식(또는 유아식) 3회차 ⇨ 수유 2회차 ⇨ 취침

이유식 단계별
적당한 간식의 크기

아이의 이유식 단계에 따라 간식의 크기를 조절하는 법을 안내해 드리겠습니다. 이를 참고해 아이의 적응을 도와주세요.

중기 이유식 단계에서는 한입에 삼켜도 무리가 없고 아이 손에서 미끄러지지 않는 작은 깍둑썰기 형태로 간식을 제공합니다. 둥글거나 동전 모양의 음식을 직접 제공하면 질식 위험이 있어 볼 간식의 경우 1/2 또는 1/4 크기로 잘라 아이에게 제공합니다. 저작운동이 활발하지 않았던 아이는 작은 크기의 간식을 통해 새로운 식사 방식에 적응하기 시작합니다.

다음으로 후기 이유식 단계에서는 아이가 한 손에 쥐고 먹을 수 있는 크기로 간식을 제공합니다. 아이가 직접 간식을 쥐고 먹는 습관은 아이의 소근육 발달에 도움을 줄 수 있습니다. 한 손에 쥐고 먹는 크기부터는 부모의 통제에서 쉽게 벗어나 돌발상황이 발생할 수 있습니다. 따라서 날것의 단단한 과일이나 채소를 직접 제공하는 일은 피해야 합니다. 도림맘의 초간단 아이간식은 날것의 단단한 과일이나 채소(특히 사과나 당근)를 으깨거나, 잘게 썰거나, 갈아버려 부드러운 질감을 만들어 줍니다. 도림맘의 레시피를 참고해 부드러운 간식을 만들어 주세요.

마지막으로 완료기 이유식 단계에서는 간식을 통째로 제공해 아이가 직접 먹는 양을 조절하게 합니다. 이는 아이 주도형 식습관이 잘 갖춰진 아이에게만 해당합니다. 아이가 부드러운 간식을 조금씩 떼어내 스스로 양을 조절하며 먹을 수 있도록 하는 것이죠. 이때, 아이가 간식을 먹는 전 과정을 부모가 곁에서 지켜보며 아이를 관찰하는 것이 중요합니다. 부모는 아이가 얼마나 스스로 먹는 능력이 있는지, 어떤 상황에서 개입해야 하는지를 배우게 됩니다.

중기 이유식 단계
작은 깍둑썰기

후기 이유식 단계
한 손에 쥐고 먹는 크기

완료기 이유식 단계
간식 한 덩어리

도림맘의
아이간식 재료

☘ 곡물 · 가루

❶ 쌀가루

쌀가루는 이유식에 사용하는 '초기 고운 쌀가루'로 간식을 만듭니다. 보통 쌀가루는 떡의 재료로 생각하기 쉽죠. 하지만 도림맘의 아이간식에서는 다양한 간식을 만드는 재료로 활용됩니다.

❷ 찹쌀가루

찹쌀가루는 찹쌀을 곱게 갈아 만든 것으로 쌀가루보다 찰기가 있는 것이 특징입니다. 이유식에 들어가는 '초기 고운 찹쌀가루'를 이용해 간식을 만듭니다. 찹쌀가루가 없는 경우 쌀가루로 대체해도 괜찮습니다.

❸ 밀가루

쌀가루 대신 밀가루를 넣을 때는 베이킹파우더를 아주 소량(약 2g) 섞어 주세요. 베이킹파우더 없이 밀가루만 사용하는 경우 반죽의 부드러움이 덜해지기 때문에 함께 쓰는 것을 추천합니다.

❹ 현미가루

현미는 쌀알의 껍질을 벗기지 않은 곡물을 말하며 식이섬유가 풍부하다는 특징이 있습니다. 현미는 건강에 좋지만, 껍질로 인해 식감이 텁텁할 수도 있습니다.

❺ 전분

전분은 감자, 고구마, 옥수수 등을 갈아 물과 섞은 후 가라앉은 앙금을 말린 가루입니다. 수프의 농도를 맞추거나 질감을 단단하게 만들고 싶을 때 사용하는 재료입니다.

❻ 한천가루

한천은 우뭇가사리(해초)를 가공한 식품으로 식이섬유를 많이 함유하고 있습니다. 젤라틴을 대신하는 재료로 사용합니다. 한천가루는 탱탱한 젤라틴과 달리 텁텁하고 쉽게 으스러지는 특징이 있습니다.

❼ 아몬드 가루

아몬드는 비타민E가 풍부한 식재료입니다. 돌 전 아이에게는 질식위험으로 인해 아몬드를 제공할 수 없어 아몬드 가루를 대신 사용합니다. 아몬드 100% 표시가 있는 가루를 추천합니다.

❽ 시나몬 가루

달걀의 잡내가 강할 때 시나몬 가루를 소량 넣어 주세요. 시나몬 가루의 진한 향이 달걀의 잡내를 잡아줍니다. 시나몬 가루는 이유식을 시작하는 단계부터 소량으로 섭취가 가능합니다.

❾ 오트밀

오트밀은 식이섬유가 풍부해 변비에 좋습니다. 롤드 오트밀은 귀리를 그대로 가공한 형태로 불리거나 조리하는 시간이 깁니다. 퀵 오트밀은 여러 차례 압착해 얇게 만든 것으로 빠르게 불어나는 것이 특징입니다.

❿ 치아씨드

치아씨드는 가공이 되지 않은 통곡물 식품으로 풍부한 섬유질을 함유하고 있어 빵 또는 요거트에 많이 넣어 먹습니다.

⚘ 두부·달걀·유제품

❶ 두부

두부는 단백질과 식물성 지방이 풍부한 식품입니다. 간식을 만들 때는 '부드러운 두부'를 별도로 데치지 않은 상태로 사용했습니다. 책에서 언급한 으깬 두부는 시중에 판매하는 두부를 물기 제거하지 않은 채 그대로 으깨 사용한다는 의미입니다.

❷ 달걀

달걀은 비타민A, B12, D, E와 적당한 지방, 오메가3를 포함하며 단백질을 섭취할 수 있는 가장 쉬운 식재료입니다. 노른자와 흰자 구분 없이 이유식 초기부터 시도하는 것이 달걀 알레르기를 예방할 수 있습니다. 다만 날달걀이나 덜 익은 달걀은 주의해야 합니다.

❸ 우유

우유는 반죽의 농도를 맞추는 용도로 사용하고 있습니다. 우유는 분유물로 대체가 가능합니다. 주로 멸균우유와 생우유를 사용하는데, 이때 생우유는 돌 이후부터 섭취하는 것이 좋습니다.

❹ 무염버터

버터는 우유의 지방을 모아 가공한 식품입니다. 지방은 신체의 성장과 뇌 발달에 중요한 역할을 합니다. 따라서 적당량의 지방 섭취는 아이 성장에 매우 중요합니다. 아이 요리에는 무염버터를 사용합니다.

❺ 요거트

요거트는 유산균을 이용해 우유를 발효시킨 가공식품입니다. 요거트는 시중에 판매 중인 베이비 요거트 또는 무설탕 플레인요거트를 권장하고 있습니다.

❻ 그릭요거트

그릭요거트는 요거트의 유청을 천이나 기계를 통해 걸러낸 것으로 꾸덕꾸덕한 질감이 특징입니다. 유청을 제거해 유당이 줄어 당도가 낮고 소화에 도움이 됩니다. 책에서는 치즈, 생크림을 대신하고 싶을 때 사용합니다.

❼ 아기 치즈

치즈는 단백질이 풍부한 식품이지만 나트륨이 많아 일반 치즈를 아이에게 제공하는 것은 맞지 않습니다. 따라서 시판하는 아기 치즈 1단계를 구매해 사용하는 편입니다. 치즈는 간식에 속재료로 넣거나 달걀을 대신해 재료를 뭉치는 역할로 많이 활용합니다.

❽ 크림치즈

크림치즈는 발효과정 없이 크림과 우유를 섞은 부드러운 재료입니다. 반죽에 크림치즈를 넣으면 풍미가 있는 간식으로 만들 수 있습니다. 크림치즈는 시중에 판매하는 일반 제품을 사용합니다.

⚬ 소스 · 오일

❶ 아가베 시럽

아가베 시럽은 '아가베'라는 식물의 즙으로 만든 감미료입니다. 설탕을 대신해 단맛을 내는 용도로 사용합니다. 설탕에 비해 혈당지수가 낮고 소량으로도 단맛을 낼 수 있습니다.

❷ 사과즙과 배즙

사과즙과 배즙은 시중에서 판매하는 100% 과즙을 사용합니다. 설탕의 대체재로 활용합니다.

❸ 케첩

케첩은 토마토, 식초, 설탕, 향신료 등을 넣고 만든 소스입니다. 일반적으로 시중에서 판매하는 케첩을 재료로 활용했습니다.

❹ 레몬즙

레몬즙은 시중에서 판매하는 100% 과즙이나 직접 착즙한 과즙을 사용합니다. 레몬즙은 아기잼이나 아기 치즈를 만들 때 넣어 재료가 응고하는 것을 돕습니다.

❺ 땅콩버터

땅콩버터는 시중에서 판매하는 100% 땅콩버터를 사용합니다. 첨가물이 들어가지 않은 땅콩버터를 활용해 간식을 만들어 주세요. 땅콩을 초기에 노출하는 것이 알레르기 예방에 도움이 된다는 연구 결과도 있습니다.

❻ 현미유

현미유는 쌀겨에서 추출한 기름으로 오메가3가 풍부한 특징이 있습니다. 일반 오일에 비해 산패가 잘 일어나지 않아 아이 요리에 주로 사용합니다.

❼ 포도씨유

포도씨유는 포도 씨를 압착해 얻은 오일로 발연점이 높아 고온에서 요리할 때 사용하기 좋습니다. 어디서든 쉽게 구매할 수 있어 현미유가 없을 때 자주 사용합니다.

도림맘이
사용하는 도구

❶ 전자저울

도림맘의 아이간식 레시피는 재료를 소량씩 사용하는 경우가 많습니다. 계량을 정확하게 하기 위해서는 전자저울이 필요합니다. 전자저울은 이유식을 만들 때도 사용하는 필수 도구입니다.

❷ 계량컵과 계량스푼

계량컵은 0ml부터 10ml 단위로 눈금이 있으면 편리합니다. 계량컵이 없다면 젖병이나 눈금이 표시된 이유식 용기를 활용해 주세요. 계량스푼은 5ml와 15ml를 주로 사용하며 없는 경우 티스푼(5ml)과 밥숟가락(15ml)을 활용해 주세요.

❸ 믹서

믹서는 재료를 갈거나 달걀 거품을 만들 때 유용한 도구입니다. 재료를 소량씩 사용하기 때문에 대형 믹서보다는 소형 믹서가 사용하기 편리합니다.

❹ 볼과 실리콘 주걱

볼은 재료를 한데 넣어 반죽을 만들 때 사용합니다. 재료가 넘치지 않는 것이 중요하기 때문에 넉넉한 크기가 좋습니다. 실리콘 주걱은 재료를 섞거나 반죽을 덜어낼 때 사용합니다.

❺ 전자레인지 용기

전자레인지에 용기를 넣을 때는 꼭 내열 용기를 써야 합니다. 보통 실리콘, 유리, 플라스틱(전자레인지 가능) 용기를 사용합니다.

❻ 실리콘 머핀틀

실리콘 머핀틀은 반죽을 담는 용도로 사용하는 도구입니다. 별도로 오일을 바르지 않아도 반죽이 쉽게 떨어져 사용이 편리합니다. 전자레인지, 오븐, 에어프라이어에서 모두 사용할 수 있습니다.

❼ 전자레인지

도림맘의 아이간식 레시피는 1000w 전자레인지를 기준으로 작성했습니다. 보통 뚜껑을 덮지 않고 돌리지만 덮어야 하는 경우 별도로 표시해 두었습니다. 꼭 내열 용기를 사용해 주세요.

❽ 오븐과 에어프라이어

오븐과 에어프라이어 모두 별도의 예열 없이 조리합니다. 일반적으로 오븐 온도보다 에어프라이어 온도를 10℃ 낮춰 사용합니다. 간식이 완전히 익지 않았을 때는 기계의 온도를 10℃씩 올려보거나, 시간을 2~4분 정도 추가해 주세요.

간식을
보관하는 법

여분의 간식을 보관하는 법을 소개합니다. 밀폐용기(또는 지퍼백)를 준비해 주세요. 남은 간식을 키친타월과 함께 밀폐용기(또는 지퍼백)에 담고 밀봉해 주세요. 그대로 냉장고나 냉동실에 보관합니다. 냉장 보관은 3일 이내 섭취, 냉동 보관은 3주 이내 섭취를 권장합니다.

 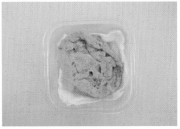

냉장고에 보관하던 간식을 다시 꺼내 먹을 때는 전자레인지에 30초 정도 돌려주세요. 오븐이나 에어프라이어를 사용하는 경우 160℃(에어프라이어 150℃)에서 5~6분 정도 데워 아이에게 제공합니다.

쿠키류의 보관 방법도 같습니다만 쿠키를 다시 먹을 때 전자레인지를 이용하면 쿠키가 딱딱하게 굳어버립니다. 따라서 오븐이나 에어프라이어를 활용해 160℃(에어프라이어 150℃)에서 5~6분 정도 다시 구워 제공해 주세요.

미리 만들면
좋은 레시피

⬇ 요거트 시중에서 판매하는 플레인요거트는 단맛이 강해 아이에게 제공하기 어렵습니다. 집에서 직접 만들어 단맛을 줄여 보세요.

재료

플레인요거트	80g
우유	500ml

만드는 법

1. 전자레인지 내열 용기에 우유와 요거트를 붓고 잘 저어 주세요.
2. 용기에 뚜껑을 살포시 얹어 전자레인지에 2분간 돌려주세요.
3. 그대로 30분 두고, 후에 다시 전자레인지에 2분간 돌려주세요.
4. 전자레인지 문을 닫은 상태로 10시간 이상 발효합니다.
5. 요거트가 완성되면 뚜껑을 닫고 냉장고에 넣어 보관해 주세요.

🍴 **응용레시피**

오븐(또는 에어프라이어)을 50℃로 3시간 동안 작동시킨 후 8시간 이상 발효합니다.

🥦 **도림맘 노하우**

추운 겨울에는 실내 온도가 낮아 발효 시간이 더 오래 걸립니다. 완성된 요거트가 너무 묽다면 전자레인지에 1분 정도 추가로 돌리고 그대로 3시간 이상 발효시켜 주세요. 완성된 요거트는 냉장 보관하며 10일 이내 섭취해야 합니다.

⚜ 버터

버터는 우유에서 지방을 분리해 응고시킨 것을 말합니다. 시중에서 판매하는 생크림으로 손쉽게 버터를 만들 수 있습니다.

재료

생크림   1팩(200ml)

만드는 법

1. 뚜껑이 있는 병을 준비해 생크림을 부어 주세요.

2. 병의 뚜껑을 닫고 위아래로 세차게 흔들어 주세요.

3. 생크림의 찰랑거림이 사라져도 계속 흔들어 주세요.

4. 다시 물소리가 들리면 흔드는 동작을 멈추고 뚜껑을 열어 주세요.

5. 면보를 활용해 유청을 거르고 응고된 지방 덩어리를 얼음물에 넣어 굳혀 주세요.

🍚 도림맘 노하우

버터는 냉장 보관하면 7일 이내, 냉동 보관은 30일 이내 섭취해 주세요.

한눈에 보는 간식 모음표

	초기	중기	후기	완료기
감자		감자김스틱 감자수프	감자호떡 감자두부전 아기난 감자가득빵	
고구마		고구마두부칩 고구마크림수프	고구마두부빵 고구마사과스콘 고구마요거트쿠키 고구마볼 고구마두부크로켓 고구마두부인절미	프라이팬고구마빵 고구마롤 고구마라이스호떡 고구마호두파이
귤		귤카스텔라 귤분유빵	귤쌀쿠키 귤납작떡	
단호박		단호박케이크 단호박사과수프	단호박쿠키 단호박떡 단호박샐러드	
달걀		쌀카스텔라 노른자볼 커스터드푸딩	아기타르트 가지크로켓 고구마에그슬럿	달걀빵 달걀샐러드
당근		당근크레이프 당근두부머핀 쫀득당근두부바	당근찹쌀전 당근오트밀머핀 당근두부쿠키 채소프라이드	
두부		두부바	쫀득한연두부빵 두부요거트스콘 두부칩 두부과자 두부찰볼 두부요거트떡	두부프리타타 두부핫비스킷
딸기		딸기바나나오트밀빵 아기딸기잼	딸기오트밀볼 딸기치즈쌀케이크	딸기오트밀라테
만두피				만두피에그타르트 만두피사과파이 만두피피자
바나나		바나나팬케이크 바나나오트밀분유빵 바나나케이크 바나나오트밀바 바나나시나몬잼	ABC빵 바나나쿠키 바나나땅콩쿠키 바나나두부쌀떡 바나나치즈쌀떡 바나나현미떡 땅콩바나나스무디	바나나앙금빵 바나나식빵

	초기	중기	후기	완료기
배	전기밥솥배숙	콩나물식혜	배찜케이크	
브로콜리		브로콜리바나나팬케이크	브로콜리감자볼	
비트		비트사과팬케이크	비트두부볼	
사과		사과바나나컵케이크 폭신사과분유머핀 사과퓌레 사과당근주스	아삭사과쌀케이크 사과요거트머핀 오트밀사과쿠키 사과프리터	
시금치		시금치크레이프 시금치바나나빵 시금치치즈빵	시금치쿠키 시금치바나나바	
아보카도		아보카도바나나빵	아보카도당근쿠키	
오트밀		오트밀포리지	망고오트밀빵 오트밀스콘 오트밀러스크 오트밀납작떡 오버나이트오트밀	오트밀쿠키
유제품		요거트팬케이크 수플레치즈케이크 베리요거트머핀 그릭요거트컵케이크 티딩러스크 치즈크래커 아기리코타치즈 요거트바크	밤요거트쌀빵 우유쌀떡 우유설기	아기버터쿠키 바나나크림치즈케이크
키위				키위바나나퓌레 키위브로콜리스무디
해산물			흰살생선크로켓 연어볼	게살수프
홍시		홍시컵케이크	홍시양갱	
기타요리		병아리콩수프 옥수수수프		아기맛밤 토마토채소빵 아기수제비 크림떡볶이 로제떡볶이

CHAPTER
1

팬 하나로 간편하게 만드는
프라이팬 간식

중기 이유식 단계부터

브로콜리
바나나
팬케이크

몸에 좋은 것이라면 하나라도 더 먹이고 싶은 것이 엄마의 마음입니다. 그런데 브로콜리, 아이들이 쉽게 먹을 리 없겠죠? 달콤한 바나나와 함께 팬케이크로 만들어 보세요. 편식하는 아이도 맛있게 즐길 수 있습니다. 프라이팬 하나만으로도 쉽게 만드는 간식입니다.

재료	2회분 기준
브로콜리	30g
바나나	60g
쌀가루	15g
현미유	적당량

만드는 법 ⏱ 5분 소요

1. 바나나는 볼에 넣고 으깨 주세요.

2. 브로콜리는 잘게 썰어 넣어 주세요.

3. 쌀가루까지 넣고 반죽해 주세요.

4. 팬에 현미유를 두르고 반죽을 올려 주세요.

5. 약불에서 2분간 굽고 밑면이 익으면 뒤집어 반대쪽도 구워 주세요.

당근찹쌀전

익히면 더욱 달달해지는 당근으로 만든 쫀득쫀득한 전입니다. 어릴 적 즐겨 먹던 화전 생각이 절로 나는 간식인데요. 색이 예뻐 보기도 좋고, 달짝지근해 먹기도 좋아 아이 간식으로 내놓기 안성맞춤입니다.

재료   1회분 기준

당근	30g
찹쌀가루	30g
물	15ml(생략 가능)
현미유	적당량

만드는 법   ⏱ 5분 소요

1. 강판에 간 당근과 찹쌀가루를 볼에 넣어 주세요.

2. 재료를 한 덩어리로 반죽해 주세요.

3. 팬에 현미유를 두르고 반죽을 올려 주세요.

4. 약불에서 2분간 굽고 가장자리가 반투명해지면 뒤집어 반대쪽도 구워 주세요.

🍃 도림맘 노하우

당근찹쌀전 반죽의 질감은 뭉친 떡과 같습니다. 찰기가 부족하면 물을 추가해 주세요.

중기 이유식 단계부터

당근
크레이프

익힌 당근의 단맛으로 당근을 싫어하는 아이도 맛있게 먹을 수 있는 메뉴입니다. 당근과 달걀로 맛있고 간단한 아침 한 끼를 만들어 보세요.

재료	2회분 기준
당근	30g
쌀가루	15g
달걀	1개
아기 치즈	1장
물	15ml
현미유	적당량

만드는 법   ⏱ 10분 소요

1. 당근은 강판에 갈아 볼에 넣어 주세요.

2. 쌀가루, 달걀, 물까지 넣고 재료를 반죽해 주세요.

3. 팬에 현미유를 두르고 반죽을 올려 주세요.

4. 약불에서 2분간 굽고 가장자리가 익으면 뒤집어 아기 치즈를 올려 주세요.

🌱 도림맘 노하우

반죽을 한번에 붓고 아기 치즈를 넣어 치즈달걀말이처럼 먹는 것도 좋은 방법입니다.

5. 반죽을 반으로 접고 1분간 구워 아기 치즈를 녹여 주세요.

중기 이유식 단계부터

시금치
크레이프

아이들이 제일 싫어하지만 엄마들은 어떻게든 먹여보려 애쓰는 식재료가 시금치입니다. 시금치크레이프는 시금치를 싫어하는 아이를 위한 간식입니다. 시금치 대신 비슷한 잎채소 청경채를 넣을 수도 있습니다. 안에 들어가는 재료를 바꿔가며 다양하게 즐겨 보세요.

재료   2회분 기준

시금치	20g
달걀	1개
아기 치즈	1장
현미유	적당량

만드는 법   10분 소요

1. 믹서에 시금치와 달걀을 넣고 갈아 주세요.

2. 팬에 현미유를 두르고 반죽을 올려 주세요.

3. 약불에서 1분간 굽고 가장자리가 익으면 뒤집어 아기 치즈를 올려 주세요.

4. 반죽을 반으로 접고 1분간 구워 아기 치즈를 녹여 주세요.

🍴 응용 레시피

청경채크레이프: 시금치 20g을 청경채 20g으로 대체할 수 있습니다.

중기 이유식 단계부터

바나나
팬케이크

바나나팬케이크는 부드럽고 달콤해 아이가 정말 맛있게 먹을 수 있는 인기 메뉴입니다. 입맛이 없어 잘 먹지 않고 투정부리는 아이를 위해 바나나팬케이크를 만들어 주세요.

재료	3회분 기준
바나나	50g
쌀가루	50g
달걀노른자	1개
물	80ml
현미유	적당량

만드는 법　　　　　　　　　　　　　　⏱ 10분 소요

1. 바나나는 볼에 넣고 으깨 주세요.

2. 쌀가루, 달걀노른자, 물까지 넣고 재료를 반죽해 주세요.

3. 팬에 현미유를 두르고 반죽을 올려 주세요.

4. 중불에서 2분간 굽고 윗면에 기포가 생기면 뒤집어 반대쪽도 구워 주세요.

🍴 응용 레시피

딸기팬케이크, 사과팬케이크: 바나나 50g을 딸기 50g 또는 사과 30g으로 대체할 수 있습니다.

🐦 도림맘 노하우

달걀 1개를 그대로 사용하는 경우 물은 생략해 주세요.

아삭사과 쌀케이크

사과와 쌀가루로 만든 팬케이크입니다. 사과 특유의 신맛 때문에 잘 먹지 않는 아이들이 많죠. 그런 아이들을 위해 준비한 간식입니다. 아삭사과쌀케이크에는 달걀이 들어가 아이들의 한 끼 식사 대용으로도 훌륭한 메뉴입니다.

재료   4회분 기준

사과	1/4개
쌀가루	60g
달걀	2개
물	60ml
현미유	적당량

만드는 법   ⏱ 10분 소요

1. 사과 1/4개를 얇게 썰어 주세요.

2. 볼에 쌀가루, 달걀, 물을 넣고 걸쭉하게 반죽해 주세요.

3. 팬에 현미유를 두르고 얇게 썬 사과를 올려 주세요.

4. 사과 위에 2의 반죽을 얇게 부어 주세요.

🍴 응용 레시피

귤쌀케이크: 사과 1/4개를 귤 3개로 대체할 수 있습니다.

5. 뚜껑을 덮고 약불에서 5~7분간 구워 주세요.

6. 반죽이 익으면 팬을 뒤집어 접시에 담아 주세요.

비트사과 팬케이크

토마토의 8배에 달하는 항산화 작용을 하는 비트는 일반 가정에서는 주로 김치나 샐러드에 많이 활용하는데요. 이런 비트를 사과와 함께 팬케이크로 만들어 주세요. 익으면 고구마와 비슷한 향이 나는 비트에 사과가 더해져 달콤한 간식이 된답니다.

재료   2회분 기준

비트	30g
사과퓌레	30g
쌀가루	20g
달걀	1개
현미유	적당량

만드는 법   ⏱ 5분 소요

1. 비트는 강판에 갈아 볼에 넣어 주세요.

2. 사과퓌레, 쌀가루, 달걀까지 넣고 재료를 반죽해 주세요.

3. 팬에 현미유를 두르고 반죽을 올려 주세요.

4. 중불에서 2분간 굽고 윗면에 기포가 생기면 뒤집어 반대쪽도 구워 주세요.

후기 이유식 단계

감자호떡

호떡은 어른 아이 할 것 없이 모두의 최애 간식이죠. 이런 호떡에 자극적인 꿀 대신 달콤한 과일을 넣어 건강까지 챙겼답니다. 아이는 물론 엄마와 아빠도 맛있게 먹는 영양 만점 간식입니다.

재료　2회분 기준

삶은 감자	120g
찹쌀가루	30g
현미유	적당량

속재료

잘게 썬 과일	소량
과일퓌레	소량
아기 치즈	1장

만드는 법　⏱ 5분 소요

1. 삶은 감자는 볼에 넣고 으깨 주세요.

2. 찹쌀가루까지 넣고 재료를 한 덩어리로 반죽해 주세요.

3. 호떡에 넣을 속재료는 따로 준비해 주세요.

4. 반죽은 알맞은 크기로 나누고 둥글납작하게 만들어 속재료를 넣어 주세요.

🍴 응용 레시피

고구마호떡: 삶은 감자 120g을 삶은 고구마 120g으로 대체할 수 있습니다.

🌱 도림맘 노하우

반죽 단계에서 당근을 갈아 넣어 색을 내도 좋습니다.

5. 팬에 현미유를 두르고 반죽을 올려 주세요.

6. 중불에서 2분간 굽고 가장자리가 익으면 뒤집어 반대쪽도 구워 주세요.

완료기 이유식 단계

프라이팬 고구마빵

프라이팬 하나만으로도 만들 수 있는 요리는 무궁무진합니다. 이번에는 프라이팬으로 만든 고구마빵입니다. 포만감이 큰 고구마가 들어가 든든하답니다. 아이는 물론 온 가족이 다 함께 즐길 수 있습니다.

재료   2회분 기준

삶은 고구마	70g
쌀가루(또는 밀가루)	30g
우유(또는 분유물)	15ml
아기 치즈	1장
현미유	적당량

만드는 법   ⏱ 10분 소요

1. 삶은 고구마는 볼에 넣고 으깨 주세요.

2. 쌀가루와 우유까지 넣고 재료를 한 덩어리로 반죽해 주세요.

3. 반죽은 손으로 모양을 잡아 둥글납작하게 만들고 아기 치즈를 넣어 주세요.

4. 팬에 현미유를 두르고 반죽을 올린 다음 프라이팬 뚜껑을 덮어 주세요.

5. 약불에서 4분간 굽고 밑면이 익으면 뒤집어 3분간 더 구워 주세요.

🍀 도림맘 노하우

• 손으로 반죽을 뭉쳤을 때 손에 가루가 묻어나오지 않는 정도가 좋습니다.

• 현미유 대신 프라이팬 위에 종이 포일을 까는 방법도 있습니다.

완료기 이유식 단계

고구마롤

고구마는 종류에 따라 삶으면 퍽퍽해지기도 하는데요. 퍽퍽한 고구마를 먹기 힘들어하는 아이를 위해 부드러운 고구마롤을 만들어 보세요. 부드러운 목 넘김은 기본이고 고구마의 든든함 덕분에 한 끼 식사로도 훌륭합니다.

재료   2회분 기준 🍚🍚

쌀가루	30g
달걀	1개
우유	30ml
현미유	적당량

속재료

삶은 고구마	80g
우유	15ml

만드는 법   ⏱ 10분 소요

1. 삶은 고구마는 볼에 넣고 으깨 주세요.

2. 우유까지 넣고 섞어 고구마무스를 만들어 주세요.

3. 다른 볼에 쌀가루, 달걀, 우유를 넣고 걸쭉하게 반죽해 주세요.

4. 팬에 현미유를 두르고 3의 반죽을 얇게 부어 주세요.

🍀 도림맘 노하우

촉촉한 호박 고구마의 경우 우유를 생략해도 괜찮습니다.

5. 중불에서 2분간 굽고 밑면이 익었을 때 한쪽에 2의 고구마무스를 올려 주세요.

6. 달걀말이처럼 돌돌 말아 2분간 더 구워 주세요.

중기 이유식 단계

요거트
팬케이크

아이의 입맛을 자극하는 새콤달콤한 요거트로 만든 간식입니다. 부드러운 식감 덕분에 아이들에게 인기 만점이에요. 아이의 아침 식사 대용으로도 훌륭한 메뉴입니다.

재료
2회분 기준

재료	
요거트	50g
쌀가루	30g
달걀	1개
현미유	적당량

만드는 법
⏱ 10분 소요

1. 요거트와 쌀가루를 볼에 넣어 주세요.
2. 달걀까지 넣고 재료를 반죽해 주세요.

3. 팬에 현미유를 두르고 반죽을 올려 주세요.
4. 약불에서 2분간 굽고 밑면이 익으면 뒤집어 반대쪽도 구워 주세요.

🍬 도림맘 노하우
상하목장 베이비 요거트 또는 그릭 요거트를 사용하는 경우 요거트를 30g만 넣어 주세요.

감자두부전

패스트푸드점에서 맛본 해시브라운을 응용해 만든 간식입니다. 으깬 감자에 두부를 넣고 감자두부전을 두툼하게 만들어 보세요. 간단하고 맛있는 해시브라운을 집에서도 맛볼 수 있습니다.

재료　　2회분 기준

삶은 감자	100g
으깬 두부	30g
쌀가루	15g
현미유	적당량

만드는 법　　⏱ 10분 소요

1. 삶은 감자는 볼에 넣고 으깨 주세요.

2. 으깬 두부와 쌀가루를 넣고 재료를 반죽해 주세요.

3. 팬에 현미유를 두르고 반죽을 올려 주세요.

4. 중불에서 2분간 굽고 가장자리가 익으면 뒤집어 반대쪽도 구워 주세요.

🍴 응용 레시피

단호박두부전: 삶은 단호박 70g, 으깬 두부 40g, 쌀가루 20g, 물 20ml 로 재료를 대체할 수 있습니다.

CHAPTER
2

노 오븐!
전자레인지 간식

중기 이유식 단계부터

시금치
바나나빵

재료
2회분 기준 🍚🍚

시금치	10g
바나나	50g
쌀가루	15g
달걀	1개

💙 도림맘 노하우

시금치는 끓는 물에 살짝 데쳐 사
용해도 좋습니다.

대부분의 가정에 있는 전자레인지를 이용해 만든 아이들의 인기 만점
메뉴입니다. 초록색 잎채소를 싫어하는 아이에게 만들어 주세요. 바
나나의 달콤함 덕분에 시금치에 대한 거부감이 덜하게 될 거예요.

만드는 법
⏱ 5분 소요

1. 믹서에 시금치, 바나나, 달걀을 넣고
갈아 주세요.

2. 1에 쌀가루를 넣고 골고루 섞어 주세요.

3. 반죽은 내열 용기에 담아 전자레인지
에 1분간 돌려주세요.

중기 이유식 단계부터

단호박
케이크

재료
2회분 기준

삶은 단호박	40g
쌀가루	15g
달걀	1개

🍰 도림맘 노하우

아기 치즈 한 장을 얹어 더 맛있게
즐겨보세요.

그동안 아이에게 삶은 단호박만 주었다면 이번에는 달걀과 함께 케
이크로 만들어 보세요. 단호박은 섬유질이 풍부해 변비로 고생하는
아이들에게 좋은 식재료입니다. 전자레인지만 있다면 간단하게 만들
수 있어요.

만드는 법
⏱ 5분 소요

1. 삶은 단호박은 볼에 넣어 으깨 주세요.

2. 쌀가루와 달걀까지 넣고 재료를 반죽
해 주세요.

3. 반죽은 내열 용기에 담아 전자레인지
에 1분 30초간 돌려주세요.

중기 이유식 단계부터

귤카스텔라

거울철 비타민의 보고는 단연 귤이죠. 귤카스텔라는 달콤 상큼한 간식으로 귤을 처음 접하는 아이도 거부감 없이 즐길 수 있습니다. 귤이 들어가 상큼하지만 달걀 덕분에 부드러워 아이들에게는 든든한 영양 만점 간식입니다.

재료　2회분 기준

귤	30g
쌀가루	10g
달걀	1개

토핑
귤	소량

만드는 법　⏱ 5분 소요

1. 귤은 착즙기를 이용해 즙을 내고 볼에 넣어 주세요.

2. 쌀가루와 달걀까지 넣고 재료를 반죽해 주세요.

3. 반죽은 내열 용기에 담고 그 위에 귤 조각을 올려 주세요.

4. 그대로 전자레인지에 1분 30초간 돌려 주세요.

중기 이유식 단계부터

바나나
오트밀
분유빵

분유가 들어간 빵을 한창 많이 만들어 주던 시기에 쌀가루 대신 오트밀을 넣어 보았어요. 오트밀은 식이섬유와 철분이 풍부한 식재료이죠. 바나나와 오트밀 그리고 분유를 더해 달콤한 분유빵을 만들어 봅니다. 분유를 잘 먹지 않는 아이도 정말 좋아하는 간식이랍니다.

재료   2회분 기준

재료	
바나나	60g
오트밀	10g
분유	25g
달걀노른자	1개
물	20ml

만드는 법   ⏱ 5분 소요

1. 바나나는 볼에 넣고 으깨 주세요.

2. 오트밀과 분유를 넣어 주세요.

3. 달걀노른자와 물까지 넣고 재료를 섞어 주세요.

4. 반죽은 내열 용기에 담아 전자레인지에 2분간 돌려주세요.

중기 이유식 단계부터

시금치
치즈빵

아이들이 싫어한다고 해서 엄마가 편식을 주도할 수는 없겠죠. 시금치를 갈아 빵 반죽을 만들고 치즈와 달걀로 고소함과 폭신함을 살렸습니다.

재료   2회분 기준

시금치	10g
아기 치즈	1장
쌀가루	15g
달걀	1개

만드는 법   ⏱ 5분 소요

1. 믹서에 시금치와 달걀을 넣고 갈아 주세요.

2. 볼에 간 재료와 쌀가루를 넣어 주세요.

3. 아기 치즈까지 잘라 넣고 재료를 섞어 주세요.

4. 반죽은 내열 용기에 담아 전자레인지에 1분간 돌려주세요.

🌸 도림맘 노하우

반죽이 치즈로 인해 과하게 부풀어 오를 수 있습니다. 반죽은 용기에 1/3 정도만 담아 주시고, 전자레인지가 돌아가는 동안 수시로 살펴 주세요.

중기 이유식 단계부터

바나나
케이크

재료	1회분 기준
바나나	60g
달걀	1개

바나나와 달걀만 있으면 만들 수 있는 초간단 간식입니다. 아침이 준비되지 않은 날, 밥을 대신하고 싶은 날, 바나나와 달걀만으로 든든한 간식이 완성됩니다.

만드는 법   ⏱ 5분 소요

1. 바나나는 볼에 넣고 으깨 주세요.

2. 달걀을 넣고 섞어 주세요.

3. 반죽은 내열 용기에 담아 전자레인지에 1분 30초간 돌려주세요.

중기 이유식 단계부터

홍시
컵케이크

재료
1회분 기준

홍시	40g
요거트	15g
쌀가루	15g
달걀	1개

홍시로 만들 수 있는 간식은 없을까? 건드리면 터질 것 같은 말랑말
랑한 홍시로 만든 간식입니다. 은은한 단맛과 새콤한 요거트 맛으로
아이의 입맛을 사로잡을 수 있습니다.

만드는 법
⏱ 5분 소요

1. 볼에 홍시, 요거트, 쌀가루, 달걀을 넣고 재료를 섞어 주세요.

2. 반죽을 내열 용기에 나누어 담아 주세요.

3. 전자레인지에 1분 30초간 돌려주세요.

중기 이유식 단계부터

사과바나나
컵케이크

사과와 바나나가 들어가 아이들의 입맛을 충족시킨 부드러운 컵케이크입니다. 만든 직후 바로 떠먹어도 좋고 냉장고에 넣어 두었다가 차갑게 해서 먹어도 맛있습니다.

재료　　2회분 기준

재료	
사과	20g
바나나	50g
오트밀	20g
달걀	1개
우유(또는 분유물)	50ml

토핑

토핑	
사과	소량
바나나	소량

만드는 법 5분 소요

1. 믹서에 사과, 바나나, 오트밀, 달걀, 우유를 넣고 갈아 주세요.

2. 반죽을 내열 용기에 나누어 담아 주세요.

3. 반죽 위에 사과와 바나나를 잘게 썰어 올려 주세요.

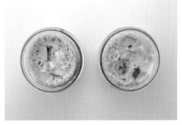

4. 전자레인지에 2분간 돌려주세요.

🍃 도림맘 노하우

전자레인지에 돌리기 전 시나몬 가루를 뿌리면 더욱 맛있게 즐길 수 있습니다.

고구마 두부빵

고구마와 두부의 궁합, 상상해 본 적 있나요? 고구마두부빵은 삶은 고구마와 두부를 으깨 만든 간식입니다. 정신없이 바쁜 아침 전자레인지를 이용해 건강한 아이 간식을 뚝딱 만들어 보세요.

재료   1회분 기준 🍚

삶은 고구마	60g
으깬 두부	30g
오트밀	15g
달걀노른자	1개
우유	30ml

만드는 법   ⏱ 5분 소요

1. 삶은 고구마는 볼에 넣고 으깨 주세요.

2. 으깬 두부를 넣어 주세요.

3. 오트밀, 달걀노른자, 우유까지 넣고 재료를 섞어 주세요.

4. 반죽은 내열 용기에 담아 전자레인지에 1분 30초간 돌려주세요.

🍴 응용 레시피

고구마연두부빵: 으깬 두부 30g을 연두부 15g으로 대체할 수 있습니다.

후기 이유식 단계부터

사과요거트 머핀

재료   2회분 기준

사과(또는 사과퓌레)	50g
요거트	50g
오트밀	10g
쌀가루	30g
달걀	1개

사과와 요거트의 궁합은 그야말로 찰떡입니다. 사과에 요거트를 더해 아이들이 좋아하는 머핀을 만들어 보았습니다. 새콤달콤한 맛이 일품인 아이 간식으로 전자레인지를 활용해 빠르게 만들어 주세요.

만드는 법   5분 소요

1. 사과는 잘게 썰어 볼에 넣어 주세요.

2. 요거트, 오트밀, 쌀가루, 달걀까지 넣고 재료를 반죽해 주세요.

3. 반죽은 실리콘 머핀틀에 나누어 담아 전자레인지에 2분간 돌려주세요.

중기 이유식 단계부터

수플레
치즈케이크

재료
2회분 기준

아기 치즈	2장
요거트	30g
쌀가루	10g
달걀	1개
우유	50ml

🍴 응용 레시피

크림치즈케이크: 크림치즈 30g, 요거트 50g, 쌀가루 10g, 달걀 1개로 재료를 대체할 수 있습니다.

🌿 도림맘 노하우

냉장고에 보관한 후 차갑게 먹어도 맛있습니다. 수플레치즈케이크는 충분히 식은 후 잘라 주세요.

제가 치즈케이크를 너무 좋아하는데요. 우리 아이도 좋아했으면 좋겠다는 마음으로 만들어 본 메뉴입니다. 부드러운 치즈의 맛을 온전히 느낄 수 있는 간식으로 아이들이 정말 좋아합니다.

만드는 법
⏱ 5분 소요

1. 아기 치즈와 우유를 내열 용기에 담아 전자레인지에 30초간 돌려 녹여 주세요.

2. 1을 꺼내 요거트, 쌀가루, 달걀을 넣고 반죽해 주세요.

3. 새로운 내열 용기에 옮겨 담은 후 다시 전자레인지에 2분간 돌려주세요.

중기 이유식 단계부터

딸기바나나
오트밀빵

재료　　　2회분 기준

딸기	50g
바나나	40g
오트밀	15g
달걀	1개

딸기와 바나나는 믿고 먹는 조합입니다. 여기에 오트밀을 갈아 넣어 고소함을 추가했습니다. 폭신폭신 카스텔라처럼 달콤하고 부드러운 간식입니다.

만드는 법　　　　　　　　　　　　　　　⏱ 5분 소요

1. 믹서에 딸기, 바나나, 오트밀, 달걀을 넣고 갈아 주세요.

2. 반죽은 내열 용기에 담아 전자레인지에 3분간 돌려주세요.

중기 이유식 단계부터

귤분유빵

재료
1회분 기준

귤	15g
분유	25g
달걀노른자	1개
물	10ml

겨울철 집집마다 베란다와 냉장고에는 언제나 귤이 있죠. 겨울하면 빠질 수 없는 제철 과일은 귤인데요. 상큼한 귤에 달콤한 분유를 더해 아이가 좋아하는 간식이 탄생했습니다.

만드는 법
⏱ 5분 소요

1. 귤은 껍질을 제거하고 알맹이를 손질해 볼에 넣어 주세요.

2. 분유, 달걀노른자, 물까지 넣고 귤을 으깨며 재료를 섞어 주세요.

3. 반죽은 내열 용기에 담아 전자레인지에 1분 30초간 돌려주세요.

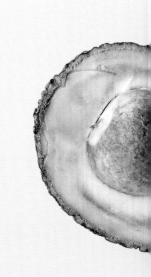

CHAPTER
3

오븐&에어프라이어
홈베이킹 빵

중기 이유식 단계부터

베리요거트 머핀

요거트와 달걀, 그리고 아이가 좋아하는 과일을 올려 만든 부드러운 머핀입니다. 변비로 고생하는 아이를 위해 만들어 주세요. 건강한 장 활동에 도움이 됩니다.

재료
2회분 기준

요거트	50g
쌀가루	15g
달걀	1개
아가베 시럽	10ml(생략 가능)

토핑
과일	소량

만드는 법
⏱ 25분 소요

1. 달걀은 볼에 넣고 풀어 주세요.

2. 요거트, 쌀가루, 아가베 시럽까지 넣고 반죽해 주세요.

3. 반죽은 실리콘 머핀틀에 나누어 담아 주세요.

4. 반죽 위에 아이가 좋아하는 과일을 올려 주세요.

🌸 도림맘 노하우
• 에어프라이어 사용 시 예열 없이 160℃에서 20분간 구워 주세요.
• 아가베 시럽 대신 올리고당, 설탕, 으깬 바나나 등을 넣어 단맛을 낼 수 있습니다.

5. 오븐 예열 없이 170℃에서 20분간 구워 주세요.

후기 이유식 단계부터

ABC빵

사과(Apple), 바나나(Banana), 당근(Carrot) 세 가지 재료로 만든 간식입니다. 여기서 알파벳 B는 본래 비트(Beet)를 의미하지만, 아이들이 좋아하는 바나나로 바꿔 보았습니다. 고른 영양소 섭취가 가능한 간식입니다.

재료   2회분 기준

사과	20g
바나나	50g
당근	20g
오트밀	10g
쌀가루	15g

만드는 법   ⏱ 20분 소요

1. 바나나는 볼에 넣고 으깨 주세요.

2. 사과와 당근을 강판에 갈아 넣어 주세요.

3. 오트밀과 쌀가루까지 넣고 반죽해 주세요.

4. 반죽은 실리콘 머핀틀에 나누어 담아 주세요.

🥦 도림맘 노하우
에어프라이어 사용 시 예열 없이 160℃에서 15분간 구워 주세요.

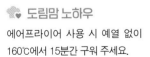

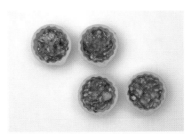
5. 오븐 예열 없이 170℃에서 15분간 구워 주세요.

후기 이유식 단계부터

아기난

인도식 카레를 판매하는 식당에서 카레와 함께 제공하던 난이 생각나 만든 간식입니다. 찹쌀가루를 이용해 아기난을 만들어 주세요. 따뜻한 수프에 난을 찍어 먹으면 더할 나위 없이 근사한 식사가 됩니다.

재료	2회분 기준
삶은 감자	80g
찹쌀가루	40g
요거트	20g

만드는 법  25분 소요

1. 삶은 감자는 볼에 넣고 으깨 주세요.

2. 찹쌀가루와 요거트까지 넣고 한 덩어리로 반죽해 주세요.

3. 반죽을 반으로 나누어 둥글납작하게 만들고 오븐 팬 위에 올려 주세요.

4. 오븐 예열 없이 200℃에서 10분간 굽고 뒤집어 10분간 더 구워 주세요.

🐾 도림맘 노하우

에어프라이어 사용 시 예열 없이 180℃에서 10분간 굽고 뒤집어 10분간 더 구워 주세요.

중기 이유식 단계부터

폭신사과
분유머핀

아이들에게 처음으로 분유빵을 만들어 주면서 좀 더 영양가 있고 맛있는 빵은 없을까 고민하며 만든 메뉴입니다. 사과가 듬뿍 들어가 아삭한 식감을 즐길 수 있는 간식입니다.

재료
2회분 기준

사과(또는 사과퓌레)	40g
분유	20g
오트밀	10g
달걀	1개

만드는 법
⏱ 20분 소요

1. 사과를 잘게 썰어 볼에 넣어 주세요.

2. 분유, 오트밀, 달걀까지 넣고 재료를 반죽해 주세요.

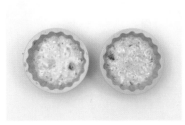

3. 반죽은 실리콘 머핀틀에 나누어 담아 주세요.

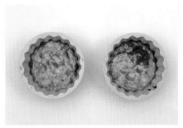

4. 오븐 예열 없이 170℃에서 15분간 구워 주세요.

🍠 도림맘 노하우
에어프라이어 사용 시 예열 없이 160℃에서 15분간 구워 주세요.

후기 이유식 단계부터

망고
오트밀빵

망고는 대표적인 열대 과일이죠. 달콤한 망고를 활용해 맛있는 간식을 만들어 보았습니다. 부드러운 망고오트밀빵은 아이들 입맛에 맞춘 취향 저격 메뉴입니다.

재료
2회분 기준

망고	40g
오트밀	40g
요거트	40g
달걀	1개

만드는 법
⏱ 20분 소요

1. 볼에 오트밀, 요거트, 달걀을 넣어 주세요.

2. 망고 20g을 잘게 썰어 넣고 함께 반죽해 주세요.

3. 오븐 내열 용기에 종이 포일을 깔고 2의 반죽을 담아 주세요.

4. 남은 망고를 얇게 썰어 토핑으로 올려 주세요.

🍴 응용 레시피

우유오트밀빵: 망고 40g을 우유(또는 분유물) 20ml로 대체할 수 있습니다.

🥦 도림맘 노하우

에어프라이어 사용 시 예열 없이 160℃에서 15분간 구워 주세요.

5. 오븐 예열 없이 170℃에서 15분간 구워 주세요.

중기 이유식 단계부터

쌀카스텔라

재료
2회분 기준 🍴🍴

재료	
쌀가루	40g
달걀	1개
현미유	5ml
물	30ml

🍴 응용 레시피

달걀노른자쌀카스텔라: 달걀 1개를 달걀노른자 2개로 대체할 수 있습니다.

🍬 도림맘 노하우

에어프라이어 사용 시 예열 없이 160℃에서 15분간 구워 주세요.

준비해 둔 재료가 뚝 떨어진 당황스러운 날을 위한 메뉴입니다. 쌀가루와 달걀만으로 만드는 초간단 간식인데요. 담백하고 맛있는 쌀카스텔라, 아이들에겐 한 끼 식사로도 충분합니다.

만드는 법
⏱ 20분 소요

1. 볼에 쌀가루, 달걀, 현미유, 물을 넣고 반죽해 주세요.

2. 반죽은 실리콘 머핀틀에 나누어 담아 주세요.

3. 오븐 예열 없이 170℃에서 15분간 구워 주세요.

후기 이유식 단계부터

쫀득한
연두부빵

재료
2회분 기준

연두부(또는 순두부)	1팩(80g)
쌀가루	35g

🍴 **응용 레시피**

연두부치즈빵: 연두부 1팩(80g), 아기 치즈 1장, 요거트 80g, 쌀가루 50g으로 재료를 대체할 수 있습니다.

🌸 **도림맘 노하우**

에어프라이어 사용 시 예열 없이 160℃에서 15분간 구워 주세요.

연두부를 잘 먹지 않는 우리 아이를 위해 만들었습니다. 빵으로 만들어 주니 연두부에 대한 거부감이 싹 사라졌습니다. 쫀득한 식감과 고소한 맛이 일품인 간식입니다.

만드는 법
⏱ 20분 소요

1. 볼에 연두부와 쌀가루를 넣고 반죽해 주세요.

2. 반죽은 실리콘 머핀틀에 나누어 담아 주세요.

3. 오븐 예열 없이 170℃에서 15분간 구워 주세요.

Chapter 3 오븐&에어프라이어 홈베이킹 빵

두부요거트 스콘

시중에 판매하는 스콘은 버터가 너무 많이 들어가 아이들에게 자극적입니다. 그래서 아이를 위한 스콘을 만들어 보았습니다. 두부를 활용해 담백하고 고소한 영양 만점 간식입니다.

재료   2회분 기준 🥄🥄

으깬 두부	50g
요거트	25g
쌀가루	50g
무염버터	5g

만드는 법   ⏱ 25분 소요

1. 두부는 으깨 볼에 넣어 주세요.

2. 요거트, 쌀가루, 무염버터까지 넣고 한 덩어리로 반죽해 주세요.

3. 반죽은 알맞은 크기로 나누어 둥글게 만들고 오븐 팬 위에 올려 주세요.

4. 오븐 예열 없이 180℃에서 10분간 굽고 뒤집어 10분간 더 구워 주세요.

🍄 도림맘 노하우

에어프라이어 사용 시 예열 없이 170℃에서 10분간 굽고 뒤집어 10분 더 구워 주세요.

후기 이유식 단계부터

당근오트밀 머핀

숨어 있는 당근을 찾아라! 당근을 싫어하는 아이를 위한 편식 방지용 간식입니다. 갈아 둔 당근, 오트밀, 치즈 등이 섞여 색다른 머핀이 탄생했습니다.

재료

2회분 기준

당근	20g
오트밀	10g
쌀가루	15g
달걀	1개
아기 치즈	1장

만드는 법

⏱ 20분 소요

1. 당근은 강판에 갈아 볼에 넣어 주세요.

2. 오트밀, 쌀가루, 달걀, 아기 치즈까지 넣고 반죽해 주세요.

3. 반죽은 실리콘 머핀틀에 나누어 담아 주세요.

4. 오븐 예열 없이 170℃에서 15분간 구워 주세요.

🌰 ♥ 도림맘 노하우

에어프라이어 사용 시 예열 없이 160℃에서 15분간 구워 주세요.

Chapter 3 오븐&에어프라이어 홈베이킹 빵

완료기 이유식 단계부터

바나나
앙금빵

밤만주에서 아이디어를 얻은 간식입니다. 만주의 앙금으로 달콤한 바나나를 넣어 보았습니다. 아기자기 동글동글 귀여운 바나나앙금빵입니다.

재료 1회분 기준

바나나	1/3개
쌀가루	60g
달걀노른자	1개
우유(또는 분유물)	30ml

만드는 법 ⏱ 20분 소요

1. 바나나는 미리 잘게 썰어 주세요.

2. 볼에 쌀가루, 달걀노른자, 우유를 넣고 반죽해 주세요.

3. 반죽은 알맞은 크기로 나누어 납작하게 만들고 그 속에 1의 바나나를 넣어 주세요.

4. 오븐 예열 없이 170℃에서 14분간 구워 주세요.

🍄 도림맘 노하우

• 에어프라이어 사용 시 예열 없이 160℃에서 14분간 구워 주세요.

• 바나나가 과숙이 된 경우 굽는 과정에서 뜨거운 바나나즙이 흐를 수 있으니 조심해 주세요.

중기 이유식 단계부터

그릭요거트 컵케이크

바스크치즈케이크를 생각하며 만든 레시피로, 크림치즈를 대신해 그릭요거트를 넣어 바스크케이크와 똑 닮은 간식을 만들었어요. 특별한 날, 케이크 대신 그릭요트컵케이크를 만들어 보는 건 어떨까요?

재료
2회분 기준

그릭요거트	100g
전분	10g
달걀	1개

만드는 법
⏱ 20분 소요

1. 볼에 그릭요거트를 넣어 주세요.

2. 전분과 달걀까지 넣고 반죽해 주세요.

3. 반죽은 실리콘 머핀틀에 나누어 담아 주세요.

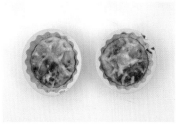

4. 오븐 예열 없이 200℃에서 15분간 구워 주세요.

🍲 도림맘 노하우

에어프라이어 사용 시 예열 없이 180℃에서 15분간 구워 주세요.

후기 이유식 단계부터

고구마사과 스콘

알알이 박혀 있는 사과가 씹는 재미를 더해 주는 간식입니다. 으깬 고구마와 잘게 썬 사과로 만든 초간단 스콘입니다. 고구마사과스콘 은 한 끼 식사 대용으로도 메뉴입니다.

재료   2회분 기준

삶은 고구마	70g
사과	30g
쌀가루	20g

만드는 법    20분 소요

1. 삶은 고구마는 볼에 넣고 으깨 주세요.   2. 사과는 잘게 썰어 넣어 주세요.

3. 쌀가루까지 넣고 한 덩어리로 반죽해 주세요.   4. 반죽은 둥글납작하게 만들어 칼로 6등분 해 주세요.

응용 레시피

감자치즈스콘: 삶은 감자 100g, 아 기 치즈 1장, 쌀가루 15g으로 재료 를 대체할 수 있습니다.

도림맘 노하우

• 에어프라이어 사용 시 예열 없이 160℃에서 15분간 구워 주세요.

• 달걀노른자를 풀어 윗면에 발라 주면 더욱 먹음직스럽습니다.

5. 오븐 예열 없이 180℃에서 15분간 구 워 주세요.

완료기 이유식 단계부터

달걀빵

어린 시절 길거리에서 자주 사 먹던 달걀빵이 생각나 만든 메뉴입니다. 바쁜 아침, 달걀과 오트밀로 든든한 아침을 시작해 보세요.

재료

1회분 기준

달걀	1개
오트밀	20g
우유	20ml
파프리카	5g
햄	10g
파슬리	한 꼬집

만드는 법

25분 소요

1. 오븐 내열 용기에 오트밀과 우유를 담고 섞어 주세요.

2. 잘게 썬 파프리카와 햄을 넣어 주세요.

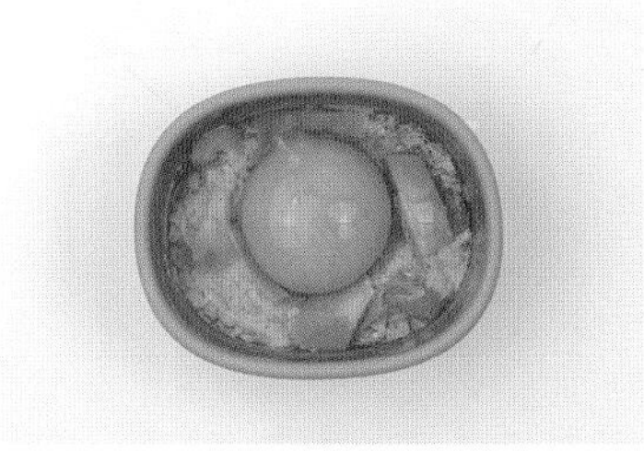

3. 2 위에 달걀을 깨뜨려 올려 주세요.

4. 달걀노른자를 포크로 콕 찍어 오븐 안에서 터지는 것을 방지해 주세요.

5. 오븐 예열 없이 170℃에서 20분간 구워 주세요.

6. 파슬리 가루를 뿌려 완성해 주세요.

도림맘 노하우

- 에어프라이어 사용 시 예열 없이 160℃에서 18분간 구워 주세요.
- 전자레인지 사용 시 1분 30초간 돌려주세요.
- 오븐에 넣기 전 아기 치즈 1장을 올리면 더욱 맛있습니다.

중기 이유식 단계부터

당근두부
머핀

아이가 평소 당근을 잘 먹지 않는다면 이 간식을 추천합니다. 당근과 두부가 만나 귀여운 머핀이 되었습니다. 건강한 간식으로 하루를 꽉 채워 보세요.

재료
2회분 기준 🥣🥣

당근	30g
으깬 두부	30g
쌀가루	30g
달걀	1개

만드는 법
 20분 소요

1. 당근은 강판에 갈아 볼에 넣어 주세요.

2. 으깬 두부, 쌀가루, 달걀까지 넣고 반죽해 주세요.

3. 반죽은 실리콘 머핀틀에 나누어 담아 주세요.

4. 오븐 예열 없이 180℃에서 15분간 구워 주세요.

🍴 응용 레시피
고구마두부머핀, 치즈두부머핀: 당근 30g을 삶은 고구마 60g 또는 아기 치즈 1장으로 대체할 수 있습니다.

🥦 도림맘 노하우
· 에어프라이어 사용 시 예열 없이 180℃에서 12분간 구워 주세요.
· 당근, 두부, 쌀가루의 비율은 1:1:1입니다.

감자가득빵

감자는 식이섬유가 풍부해 소화를 돕고 변비를 예방합니다. 감자를 가득 넣은 감자빵을 만들어 보세요. 쫀득하면서도 담백한 맛있는 빵이 탄생합니다.

재료　2회분 기준

삶은 감자	130g
쌀가루(또는 찹쌀가루)	25g
아기 치즈	1장

만드는 법　⏱ 20분 소요

1. 삶은 감자는 볼에 넣고 으깨 주세요.

2. 쌀가루와 아기 치즈까지 넣고 한 덩어리로 반죽해 주세요.

3. 반죽은 알맞은 크기로 나누어 둥글게 만들고 오븐 팬 위에 올려 주세요.

4. 오븐 예열 없이 180℃에서 15분간 구워 주세요.

🍞 도림맘 노하우

에어프라이어 사용 시 예열 없이 160℃에서 15분간 구워 주세요.

후기 이유식 단계부터

아기타르트

카페나 빵집에서 만날 수 있는 타르트를 간단한 방법으로 집에서 만들어 보세요. 모양도 예쁘고 맛도 있어 아이들이 좋아한답니다.

재료
2회분 기준

바나나	60g
오트밀	20g

속재료

달걀노른자	1개
우유	15ml

만드는 법
⏱ 20분 소요

1. 바나나는 볼에 넣고 으깨 주세요.

2. 오트밀까지 넣고 섞어 주세요.

3. 반죽은 실리콘 머핀틀의 1/3만 채우고 바닥에 꾹꾹 눌러 주세요.

4. 다른 볼에 달걀노른자와 우유를 섞어 필링을 만들어 주세요.

🍴 응용 레시피

요거트타르트: 3단계에서 반죽을 구운 다음, 반죽이 식으면 위에 요거트를 채우고 아이가 좋아하는 과일을 올려 주세요.

🌰 도림맘 노하우

에어프라이어 사용 시 예열 없이 180℃에서 15분간 구워 주세요.

5. 반죽 위에 필링을 채워 주세요.

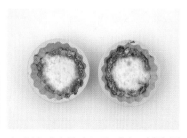

6. 오븐 예열 없이 200℃에서 15분간 구워 주세요.

Chapter 3 오븐&에어프라이어 홈베이킹 빵

오트밀스콘

시중에 파는 스콘은 대부분 밀가루 스콘이라 아이들과 함께 먹기 어려웠어요. 아쉬운 마음에 아이와 함께 먹을 수 있는 스콘을 만들어 보기로 했습니다. 밀가루 대신 오트밀을 사용한 스콘입니다.

재료   2회분 기준

오트밀	45g
우유	30ml
현미유	10ml

만드는 법   ⏱ 20분 소요

1. 믹서에 오트밀을 넣고 갈아 주세요.

2. 갈아 둔 오트밀, 우유, 현미유를 넣고 한 덩어리로 반죽해 주세요.

3. 반죽은 알맞은 크기로 나누어 둥글게 만들고 오븐 팬 위에 올려 주세요.

4. 오븐 예열 없이 170℃에서 12분간 구워 주세요.

🥦 도림맘 노하우

· 에어프라이어 사용 시 예열 없이 160℃에서 15분간 구워 주세요.

· 반죽 단계에서 아기 치즈를 함께 넣어 주면 더욱 맛있습니다.

아보카도 바나나빵

아보카도와 바나나를 퓌레로만 즐겼다면 이제는 달걀과 쌀가루를 더해 영양 만점 빵으로 만들어 보세요. 아이들에게 든든한 간식이 될 수 있습니다.

재료 2회분 기준

아보카도	20g
바나나	40g
쌀가루	20g
달걀	1개

만드는 법 20분 소요

1. 아보카도와 바나나를 볼에 넣고 함께 으깨 주세요.

2. 쌀가루와 달걀까지 넣고 반죽해 주세요.

3. 반죽은 실리콘 머핀틀에 나누어 담아 주세요.

4. 오븐 예열 없이 170℃에서 15분간 구워 주세요.

🍴 응용 레시피

키위바나나빵: 키위 40g, 바나나 60g, 쌀가루 15g, 달걀 1개로 재료를 대체할 수 있습니다.

🥦 도림맘 노하우

• 에어프라이어 사용 시 예열 없이 160℃에서 15분간 구워 주세요.

• 전자레인지 사용 시 1분 30초간 돌려주세요.

후기 이유식 단계부터

밤요거트
쌀빵

생밤 알맹이는 너무 단단하고, 찐밤이나 삶은 밤은 퍽퍽해 아이들이 먹기에 어려울 수 있습니다. 이를 해결하기 위해 요거트를 섞어 부드러운 빵으로 만들어 보았습니다.

재료   2회분 기준

삶은 밤	40g
요거트	50g
쌀가루	30g
달걀	1개

만드는 법   ⏱ 20분 소요

1. 볼에 요거트와 쌀가루를 넣어 주세요.

2. 삶은 밤을 잘게 썰어 달걀과 함께 넣고 반죽해 주세요.

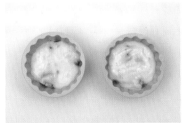

3. 반죽은 실리콘 머핀틀에 나누어 담아 주세요.

4. 오븐 예열 없이 170℃에서 15분간 구워 주세요.

🌸 도림맘 노하우

• 에어프라이어 사용 시 예열 없이 160℃에서 15분간 구워 주세요.

• 찜기 사용 시 끓는 물에 10분간 쪄 주세요.

CHAPTER
4

오븐&에어프라이어로
만들어 두면 좋은 쿠키

후기 이유식 단계부터

고구마
요거트쿠키

특별한 도구나 재료가 없어도 우리 아이에게 맛있는 쿠키를 만들어 줄 수 있답니다. 한입 크기로 여러 개를 만들어 외출 시 챙기는 것도 좋겠죠.

재료　　　　1회분 기준 🥣

삶은 고구마	70g
요거트	30g
쌀가루	30g

만드는 법　　　　⏱ 20분 소요

1. 삶은 고구마는 볼에 넣고 으깨 주세요.

2. 요거트와 쌀가루까지 넣고 한 덩어리로 반죽해 주세요.

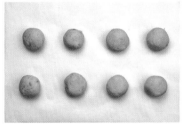 

3. 반죽은 알맞은 크기로 나누어 종이 포일을 깐 오븐 팬 위에 올려 주세요.

4. 반죽을 포크 또는 손가락으로 눌러 납작하게 만들어 주세요.

🥦 도림맘 노하우

에어프라이어 사용 시 예열 없이 160℃에서 15분간 구워 주세요.

5. 오븐 예열 없이 170℃에서 15분간 구워 주세요.

후기 이유식 단계부터

당근두부 쿠키

당근과 두부가 제법 잘 어울린다는 사실 알고 계셨나요? 편식하는 아이들에게 당근과 두부를 섞어 고소한 쿠키를 만들어 주세요. 아이들이 맛있게 먹는 모습에 흐뭇해질 거예요.

재료
1회분 기준

당근	20g
으깬 두부	25g
쌀가루	30g

만드는 법
⏱ 20분 소요

1. 강판에 간 당근과 으깬 두부를 볼에 넣어 주세요.

2. 쌀가루까지 넣고 재료를 한 덩어리로 반죽해 주세요.

3. 반죽은 알맞은 크기로 나누어 종이 포일을 깐 오븐 팬 위에 올려 주세요.

4. 반죽을 포크 또는 손가락으로 눌러 납작하게 만들어 주세요.

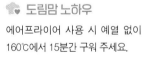
🐾 **도림맘 노하우**
에어프라이어 사용 시 예열 없이 160℃에서 15분간 구워 주세요.

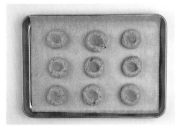

5. 오븐 예열 없이 170℃에서 15분간 구워 주세요.

후기 이유식 단계부터

귤쌀쿠키

귤은 겨울철 비타민 충전소입니다. 향긋한 귤과 담백한 쌀가루가 어우러진 귤쌀쿠키는 아이들이 정말 좋아하는 간식입니다. 사브레처럼 부드러운 귤쌀쿠키를 함께 만들어 볼까요?

재료

1회분 기준 🍚

귤	30g
요거트	30g
쌀가루	80g

만드는 법

⏱ 20분 소요

1. 귤은 착즙기를 이용해 즙을 내 준비해 주세요.

2. 볼에 귤즙, 요거트, 쌀가루를 넣고 한 덩어리로 반죽해 주세요.

3. 반죽은 알맞은 크기로 나누어 종이 포일을 깐 오븐 팬 위에 올려 주세요.

4. 반죽을 포크 또는 손가락으로 눌러 납작하게 만들어 주세요.

🏠 도림맘 노하우

• 에어프라이어 사용 시 예열 없이 160℃에서 15분간 구워 주세요.

• 부드러운 쿠키를 원한다면 반죽 단계에서 무염버터 10g을 추가해 보세요.

5. 오븐 예열 없이 170℃에서 15분간 구워 주세요.

Chapter 4 오븐&에어프라이어로 만들어 두면 좋은 쿠키

후기 이유식 단계부터

오트밀
사과쿠키

사과 한 봉지를 사서 먹다 보면 아무런 맛이 없는 사과를 만나게 됩니다. 그래도 그냥 버리면 아깝겠죠? 아무 맛도 나지 않는 사과를 활용해 쿠키를 만들어 볼게요. 사과는 익히면 단맛이 배가 돼 더욱 맛있습니다.

재료

1회분 기준

사과	60g
오트밀	20g
우유	15ml
물	15ml

만드는 법

⏱ 20분 소요

1. 믹서에 사과와 물을 넣고 갈아 주세요.

2. 내열 용기에 갈아 둔 사과, 오트밀, 우유를 담고 섞어 주세요.

3. 그대로 전자레인지에 30초간 돌려 오트밀을 불려 주세요.

4. 반죽은 알맞은 크기로 나누어 종이 포일을 깐 오븐 팬 위에 올려 주세요.

🍄 도림맘 노하우

• 에어프라이어 사용 시 예열 없이 160℃에서 15분간 구워 주세요.

• 뒤집어 추가로 5분 정도 구워 주면 더욱 바삭한 쿠키를 즐길 수 있습니다.

5. 오븐 예열 없이 170℃에서 15분간 구워 주세요.

단호박 쿠키

단호박은 한 번 삶으면 양이 너무 많아 사용하기 부담스러운 재료입니다. 그런 단호박을 활용해 쿠키를 만들어 보면 어떨까요? 미리 만들어 필요할 때마다 꺼내 아이들 간식으로 활용해 보세요.

재료
2회분 기준

삶은 단호박	50g
오트밀	10g
쌀가루	70g
달걀	1개
현미유	적당량(생략 가능)

만드는 법
⏱ 25분 소요

1. 삶은 단호박은 볼에 넣어 으깨 주세요.

2. 오트밀, 쌀가루, 달걀을 넣고 한 덩어리로 반죽해 주세요.

3. 반죽은 알맞은 크기로 나누어 현미유를 두른 오븐 팬 위에 올려 주세요.

4. 반죽을 포크 또는 손가락으로 눌러 납작하게 만들어 주세요.

🍴 응용 레시피
단호박바나나쿠키: 삶은 단호박 30g, 바나나 50g, 오트밀 20g으로 재료를 대체할 수 있습니다.

🌿 도림맘 노하우
에어프라이어 사용 시 예열 없이 160℃에서 20분간 구워 주세요.

5. 오븐 예열 없이 170℃에서 20분간 구워 주세요.

완료기 이유식 단계부터

오트밀쿠키

우리 아이에게 고급 제과점에서 판매하는 것과 같은 쿠키를 만들어 주고 싶다면 이 메뉴를 추천합니다. 고소하고 바삭한 오트밀쿠키는 온 가족이 함께 즐길 수 있습니다.

재료	2회분 기준
오트밀	50g
쌀가루	30g
달걀	1개
무염버터	25g
아가베 시럽	15ml(생략 가능)

만드는 법　⏱ 20분 소요

1. 볼에 오트밀, 쌀가루, 아가베 시럽을 넣어 주세요.

2. 무염버터를 내열 용기에 담아 전자레인지에 30초간 돌려주세요.

3. 1에 녹인 무염버터와 달걀까지 넣고 재료를 한 덩어리로 반죽해 주세요.

4. 반죽은 알맞은 크기로 나누어 오븐 팬 위에 올려 주세요.

🍀 도림맘 노하우
에어프라이어 사용 시 예열 없이 160℃에서 15분간 구워 주세요.

5. 오븐 예열 없이 170℃에서 15분간 구워 주세요.

완료기 이유식 단계부터

아기 버터쿠키

빵집에서 풍기는 버터 향에 이끌려 쿠키를 집어 든 경험 많을 거예요. 버터 향을 추억하며 만든 아기버터쿠키입니다. 여기에 잼을 올려주면 아이들이 더욱 맛있게 즐길 수 있습니다.

재료
1회분 기준

무염버터	15g
쌀가루	65g
아몬드 가루(또는 전분)	20g
달걀	1개

만드는 법
⏱ 20분 소요

1. 무염버터를 내열 용기에 담고 전자레인지에 30초간 돌려주세요.

2. 1에 쌀가루, 아몬드 가루, 달걀까지 넣고 한 덩어리로 반죽해 주세요.

3. 반죽은 알맞은 크기로 나누어 둥글게 만들고 오븐 팬 위에 올려 주세요.

4. 반죽을 포크 또는 손가락으로 눌러 납작하게 만들어 주세요.

5. 오븐 예열 없이 170℃에서 15분간 구워 주세요.

🍃 도림맘 노하우

에어프라이어 사용 시 예열 없이 160℃에서 15분간 구워 주세요.

후기 이유식 단계부터

아보카도
당근쿠키

달걀 알레르기를 테스트하기 전 달걀 대신 아보카도를 넣어 만들어 본 쿠키입니다. 3대 영양소 중 지방을 보충하고자 할 때 먹으면 좋습니다.

재료	1회분 기준
아보카도	30g
당근	15g
쌀가루	20g

만드는 법 ⏱ 20분 소요

1. 아보카도는 껍질과 씨앗을 제거하고 과육만 볼에 넣어 으깨 주세요.

2. 당근은 강판에 갈아 넣어 주세요.

3. 쌀가루까지 넣고 재료를 한 덩어리로 반죽해 주세요.

4. 반죽은 알맞은 크기로 나누어 종이 포일을 깐 오븐 팬 위에 올려 주세요.

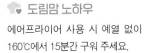 도림맘 노하우

에어프라이어 사용 시 예열 없이 160℃에서 15분간 구워 주세요.

5. 오븐 예열 없이 170℃에서 15분간 구워 주세요.

후기 이유식 단계부터

바나나쿠키

푹 익어 거무스름한 바나나도 충분히 활용할 수 있습니다. 쌀가루와 함께 맛있는 쿠키로 만들 수 있는데요. 노른자만 사용해 흰자에 예민한 아이도 즐길 수 있습니다.

재료	2회분 기준 🥣🥣
바나나	60g
쌀가루	60g
달걀노른자	1개
현미유	5ml

토핑

바나나	소량

만드는 법 ⏱ 20분 소요

1. 바나나는 볼에 넣고 으깨 주세요.

2. 쌀가루, 달걀노른자, 현미유를 넣고 한 덩어리로 반죽해 주세요.

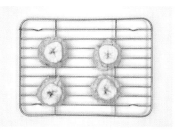

3. 반죽은 알맞은 크기로 나누어 오븐 틀 위에 올려 주세요.

4. 반죽 위에 바나나 조각을 올리며 살짝 눌러 주세요.

🌸 **도림맘 노하우**

에어프라이어 사용 시 예열 없이 160℃에서 15분간 구워 주세요.

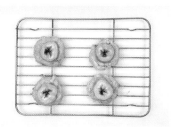

5. 오븐 예열 없이 170℃에서 15분간 구워 주세요.

후기 이유식 단계부터

바나나
땅콩쿠키

아이간식에 땅콩버터를 활용하는 방법입니다. 적당량의 땅콩버터는 아이들에게 좋은 지방 공급처가 되기 때문에 너무 걱정하지 마시고 적당히 활용해 보는 것을 추천해요.

재료
2회분 기준

바나나	60g
오트밀	30g
땅콩버터	15g
현미유	5ml

만드는 법
⏱ 15분 소요

1. 바나나는 볼에 넣고 으깨 주세요.

2. 오트밀, 땅콩버터, 현미유를 넣고 한 덩어리로 반죽해 주세요.

3. 반죽은 알맞은 크기로 나누어 오븐 팬 위에 올려 주세요.

4. 오븐 예열 없이 170℃에서 10분간 구워 주세요.

🌰 도림맘 노하우

에어프라이어 사용 시 예열 없이 160℃에서 13분간 구워 주세요.

후기 이유식 단계부터

시금치 쿠키

초록색 잎채소는 아이들이 잘 먹지 않는 식재료인데요. 아이들에게 시금치를 먹이기 위해 만든 레시피입니다. 편식하는 아이에게 효과가 좋은 간식입니다.

재료
1회분 기준

재료	분량
시금치	20g
오트밀	50g
달걀	1개
현미유	5ml

만드는 법
⏱ 20분 소요

1. 시금치는 끓는 물에 살짝 데치거나 깨끗이 씻어 준비해 주세요.

2. 믹서에 시금치, 오트밀, 달걀, 현미유를 넣고 갈아 주세요.

3. 반죽은 알맞은 크기로 나누어 오븐 팬 위에 올려 주세요.

4. 오븐 예열 없이 170℃에서 15분간 구워 주세요.

🍴 응용 레시피

청경채쿠키: 시금치 20g을 청경채 20g으로 대체할 수 있습니다.

🌱 도림맘 노하우

에어프라이어 사용 시 예열 없이 160℃에서 13분간 구워 주세요.

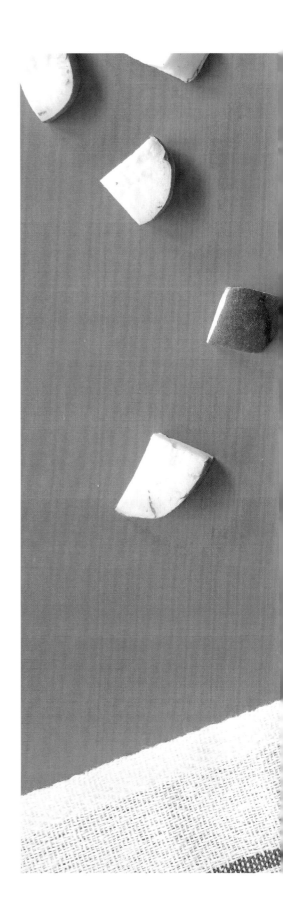

CHAPTER
5

집어 먹기 좋은
스낵

중기 이유식 단계부터

티딩러스크

티딩러스크는 이가 나기 시작한 아이들의 잇몸 통증 해소를 위한 간식입니다. 아이가 손에 쥐고 먹는 첫 간식은 티딩러스크가 아닐까 싶은데요. 과일퓌레를 활용해 더 맛있게 만들어 보세요.

재료 4회분 기준

과일퓌레	80g
쌀가루	80g
분유	80g

만드는 법 ⏱ 20분 소요

1. 볼에 과일퓌레, 쌀가루, 분유를 넣고 한 덩어리로 반죽해 주세요.

2. 반죽은 알맞은 크기로 나누어 길쭉하게 만들고 오븐 팬 위에 올려 주세요.

3. 반죽을 포크로 콕콕 찍어 무늬를 만들어 주세요.

4. 오븐 예열 없이 170℃에서 15분간 구워 주세요.

🌸 도림맘 노하우

• 에어프라이어 사용 시 예열 없이 160℃에서 15분간 구워 주세요.

• 과일퓌레를 대신해 바나나, 삶은 고구마, 삶은 단호박 등을 으깨 넣어도 맛있습니다.

후기 이유식 단계부터

채소
프라이드

애호박, 고구마, 당근을 활용해 만든 간식입니다. 오븐 또는 에어프라이어를 사용해 각종 채소를 구워 말리거나 튀긴 것인데요. 아이가 직접 쥐고 먹을 수 있는 아이주도 간식입니다.

재료
1회분 기준

애호박	1/2개
쌀가루(또는 전분)	적당량
현미유	적당량

만드는 법 · 애호박칩
⏱ 15분 소요

1. 애호박은 얇게 썰어 볼에 넣어 주세요. 2. 애호박에 현미유를 발라 주세요.

3. 현미유를 바른 애호박에 쌀가루를 골고루 묻혀 주세요. 4. 오븐 팬 위에 현미유를 두르고 애호박을 올려 주세요.

🌸 도림맘 노하우

에어프라이어 사용 시 예열 없이 170℃에서 5분간 굽고 뒤집어 5분간 더 구워 주세요.

5. 오븐 예열 없이 180℃에서 5분간 굽고 뒤집어 5분간 더 구워 주세요.

Chapter 5 집어 먹기 좋은 스낵

재료

1회분 기준

고구마	100g
현미유	적당량

만드는 법 ·고구마칩

🕐 20분 소요

1. 고구마는 얇게 썰어 물이 가득한 볼에 담가 전분을 제거해 주세요.

2. 30분 후 고구마의 물기를 제거하고 현미유를 골고루 발라 주세요.

🍲 도림맘 노하우

에어프라이어 사용 시 예열 없이 180℃에서 7분간 굽고 뒤집어 8분간 더 구워 주세요.

3. 오븐 팬 위에 현미유를 두르고 고구마를 올려 주세요.

4. 오븐 예열 없이 200℃에서 7분간 굽고 뒤집어 8분간 더 구워 주세요.

재료

1회분 기준

당근	1/2개

만드는 법 ·당근칩

🕐 15분 소요

1. 당근은 얇게 썰어 오븐 팬 위에 올려 주세요.

2. 오븐 예열 없이 180℃에서 5분간 굽고 뒤집어 5분간 더 구워 주세요.

🍲 도림맘 노하우

에어프라이어 사용 시 예열 없이 170℃에서 5분간 굽고 뒤집어 5분간 더 구워 주세요.

후기 이유식 단계부터

두부칩

다른 재료 없이 오직 두부만으로 만든 간식입니다. 담백한 맛과 귀여운 두부 모양이 큰 특징인데요. 두부만을 활용해 만든 과자, 고민하지 말고 직접 만들어 보세요.

재료　　　　2회분 기준

두부　　　　　　1/2모

만드는 법　　　　　　　　　　　　　　⏱ 10분 소요

1. 두부는 0.5cm 두께로 썰고 키친타올을 활용해 물기를 제거해 주세요.

2. 물기를 제거한 두부를 내열 용기 위에 일정한 간격으로 올려 주세요.

3. 그대로 전자레인지에 3분간 돌려주세요.

4. 두부를 뒤집어 다시 전자레인지에 넣고 3분간 돌려주세요.

🍃 도림맘 노하우

두부 두께에 따라 굽는 시간을 조절해 주세요. 전자레인지 시간을 늘리면 더욱 바삭해집니다.

Chapter 5 집어 먹기 좋은 스낵

중기 이유식 단계부터

바나나
오트밀바

오트밀 죽을 먹지 않는 아이에게는 바나나오트밀바를 만들어 주세요. 단백질과 철분 그리고 섬유질까지, 영양이 풍부하고 맛도 좋은 간식입니다.

재료
1회분 기준

바나나	50g
오트밀	10g
달걀노른자	1개

만드는 법
⏱ 15분 소요

1. 바나나는 볼에 넣고 으깨 주세요.

2. 오트밀과 달걀노른자까지 넣고 한 덩어리로 반죽해 주세요.

3. 반죽은 종이 포일을 깐 오븐 팬 위에 올려 얇게 펴 주세요.

4. 오븐 예열 없이 170℃에서 10분간 굽고 먹기 좋은 크기로 잘라 주세요.

🍴 응용 레시피

고구마오트밀바, 감자오트밀바, 단호박오트밀바: 바나나 50g을 삶은 고구마 50g이나 삶은 감자 90g 또는 삶은 단호박 50g으로 대체할 수 있습니다.

🍳 도림맘 노하우

에어프라이어 사용 시 예열 없이 170℃에서 10분간 구워 주세요.

Chapter 5 집어 먹기 좋은 스낵

사과프리터

프리터는 과일, 채소, 고기 등에 반죽을 입혀 튀긴 것입니다. 달콤한 사과에 전분물을 입히고 고소한 오트밀을 묻혀 구워 보았습니다. 때에 따라 달짝지근한 단감을 활용하면 더욱 맛있게 즐길 수 있는 레시피입니다.

재료 1회분 기준

사과	1/2개
오트밀	40g
전분	25g
물	50ml

만드는 법 ⏱ 15분 소요

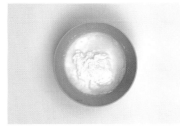

1. 볼에 전분과 물을 넣고 섞어 전분물을 준비해 주세요.

2. 사과를 가로 단면으로 얇게 썰고 가운데 씨 부분을 제거해 주세요.

3. 얇게 썬 사과에 전분물을 입혀 주세요.

4. 전분물을 입힌 사과에 오트밀을 골고루 묻혀 주세요.

🍴 응용 레시피

단감프리터: 사과 1/2개를 단감 1/2개로 대체할 수 있습니다.

🌱♥ 도림맘 노하우

· 에어프라이어가 없다면 프라이팬에 현미유를 넣고 끓는 기름에 2분간 튀겨 주세요.

· 오트밀이 없다면 떡뻥튀기를 잘게 부숴 묻혀도 좋습니다.

5. 에어프라이어 예열 없이 170℃에서 10분간 구워 주세요.

중기 이유식 단계부터

두부바

부드러우면서 담백하고 포만감이 가득한 간식입니다. 식어도 맛있어 외출 시 챙기기 좋으며 아이부터 어른까지 모두 즐길 수 있습니다.

재료　　　　2회분 기준

으깬 두부	30g
쌀가루	30g
달걀노른자	1개

만드는 법　　　　⏱ 20분 소요

1. 볼에 으깬 두부, 쌀가루, 달걀노른자를 넣고 한 덩어리로 반죽해 주세요.

2. 반죽은 종이 포일을 깐 오븐 팬 위에 올려 얇게 펴 주세요.

3. 오븐 예열 없이 170℃에서 15분간 구워 주세요.

4. 먹기 좋은 크기로 잘라 주세요.

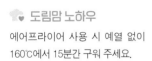 도림맘 노하우

에어프라이어 사용 시 예열 없이 160℃에서 15분간 구워 주세요.

후기 이유식 단계부터

시금치
바나나바

시금치와 바나나는 생각보다 잘 어울리는 조합인데요. 시금치의 익숙치 않은 풀내음을 바나나의 달달한 향으로 가릴 수 있기 때문입니다. 달걀 없이도 만들 수 있는 건강한 간식이에요.

재료　　1회분 기준

시금치	10g
바나나	50g
오트밀	30g
우유	50ml

만드는 법　　⏱ 5분 소요

1. 믹서에 시금치, 바나나, 우유를 넣고 갈아 주세요.

2. 볼에 갈아 둔 재료와 오트밀을 넣고 섞어 주세요.

3. 반죽은 내열 용기에 담아 전자레인지에 2분간 돌려주세요.

4. 충분히 식힌 다음 먹기 좋은 크기로 잘라 주세요.

감자김스틱

고소하고 바삭한 김을 싫어하는 아이는 없을 것 같은데요. 아기 김 또는 구운 김을 활용해 만들어 본 스틱입니다. 감자와 김을 조합해 길쭉한 스틱으로 만들어 아이 손에 쥐어 주면 맛있게 먹습니다.

재료   2회분 기준

삶은 감자	60g
아기 김	2장
쌀가루	20g

만드는 법   20분 소요

1. 삶은 감자는 볼에 넣고 으깨 주세요.

2. 쌀가루와 잘게 찢은 김을 넣어 함께 한 덩어리로 반죽해 주세요.

3. 반죽은 종이 포일을 깐 오븐 팬 위에 올려 얇게 펴 주세요.

4. 굽기 전에 먼저 먹기 좋은 크기로 길쭉하게 잘라 주세요.

🍚 도림맘 노하우

에어프라이어 사용 시 예열 없이 170℃에서 15분간 구워 주세요.

5. 오븐 예열 없이 180℃에서 15분간 구워 주세요.

중기 이유식 단계부터

쫀득당근
두부바

고구마말랭이의 쫀득 쫀득한 식감을 응용해 만든 간식입니다. 당근에 으깬 두부를 더해 만든 쫀득당근두부바는 아직 이가 나지 않은 아이도 즐기며 먹을 수 있는 간식입니다.

재료
1회분 기준 🥄

당근	50g
으깬 두부	30g
쌀가루	30g

만드는 법
⏱ 20분 소요

1. 볼에 으깬 두부를 넣어 주세요.

2. 강판에 당근을 갈아 넣어 주세요.

3. 쌀가루까지 넣고 재료를 한 덩어리로 반죽해 주세요.

4. 반죽은 종이 포일을 깐 오븐 팬 위에 올려 얇게 펴 주세요.

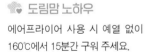 도림맘 노하우

에어프라이어 사용 시 예열 없이 160℃에서 15분간 구워 주세요.

5. 오븐 예열 없이 170℃에서 15분간 굽고 먹기 좋은 크기로 잘라 주세요.

후기 이유식 단계부터

오트밀
러스크

러스크는 빵을 얇게 썰어 구운 과자입니다. 저는 식빵을 대신해 오트
밀로 러스크를 만들어 보았어요. 구수하고 담백한 오트밀러스크는
아이들이 정말 좋아하는 간식입니다.

재료 2회분 기준

바나나	80g
오트밀	40g
쌀가루	30g

만드는 법 ⏱ 25분 소요

1. 바나나는 볼에 넣고 으깨 주세요.

2. 오트밀과 쌀가루까지 넣고 한 덩어리
로 반죽해 주세요.

3. 반죽은 오븐 팬 위에 올려 얇게 펴 주
세요.

4. 굽기 전에 먼저 먹기 좋은 크기로 길쭉
하게 잘라 주세요.

🐷 **도림맘 노하우**

· 에어프라이어 사용 시 예열 없이
160℃에서 20분간 구워 주세요.

· 오븐 팬 위에 현미유를 발라 주
면 반죽이 잘 떨어집니다.

5. 오븐 예열 없이 170℃에서 20분간 구
워 주세요.

Chapter 5 집어 먹기 좋은 스낵

후기 이유식 단계부터

두부과자

고소함에 풍미를 더한 레시피입니다. 길쭉하게 만들어 아이들이 한 손에 쥐고 먹기 좋은 간식인데요. 담백하고 포만감 있는 간식인데다 아이주도식을 연습할 수 있어 추천하는 메뉴입니다.

재료   2회분 기준

으깬 두부	90g
오트밀	10g
쌀가루	40g
달걀노른자	1개

만드는 법   ⏱ 20분 소요

1. 볼에 으깬 두부를 넣어 주세요.

2. 오트밀, 쌀가루, 달걀노른자까지 넣고 한 덩어리로 반죽해 주세요.

3. 반죽은 알맞은 크기로 나누어 길쭉하게 만들고 오븐 팬 위에 올려 주세요.

4. 오븐 예열 없이 180℃에서 15분간 구워 주세요.

🍵 **도림맘 노하우**

에어프라이어 사용 시 예열 없이 170℃에서 15분간 구워 주세요.

중기 이유식 단계부터

고구마
두부칩

고구마두부칩으로 탄수화물과 단백질을 함께 채울 수 있습니다. 아이가 이유식을 잘 먹지 않는다고 실망하지 마세요. 맛있는 간식으로 부족한 영양소를 더해줄 수 있답니다.

재료	2회분 기준
삶은 고구마	50g
으깬 두부	30g
쌀가루	15g
달걀노른자	1개

만드는 법   ⏱ 20분 소요

1. 삶은 고구마는 볼에 넣어 으깨고 거기에 으깬 두부를 넣어 주세요.

2. 쌀가루와 달걀노른자까지 넣고 한 덩어리로 반죽해 주세요.

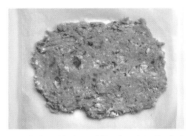 

3. 반죽은 종이 포일을 깐 오븐 팬 위에 올려 얇게 펴 주세요.

4. 오븐 예열 없이 170℃에서 15분간 구워 주세요.

🍴 응용 레시피

고구마블루베리칩: 삶은 고구마 80g, 블루베리 30g, 쌀가루 20g으로 재료를 대체할 수 있습니다.

🥦 도림맘 노하우

에어프라이어 사용 시 예열 없이 160℃에서 15분간 구워 주세요.

5. 먹기 좋은 크기로 잘라 주세요.

중기 이유식 단계부터

치즈크래커

치즈를 좋아하는 아이를 위해 치즈로 만든 과자는 없을까 고민하다 만들게 된 간식입니다. 치즈 향이 그대로 전해져 아이가 정말 좋아한답니다.

재료   1회분 기준 🍵

아기 치즈	1장
쌀가루	30g
우유	30ml
무염버터	10g

만드는 법   ⏱ 15분 소요

1. 무염버터를 내열 용기에 담아 전자레인지에 20초간 돌려주세요.

2. 1에 아기 치즈, 쌀가루, 우유를 넣고 한 덩어리로 반죽해 주세요.

3. 반죽은 종이 포일을 깐 오븐 팬 위에 올려 얇게 펴 주세요.

4. 오븐 예열 없이 170℃에서 12분간 구워 주세요.

🍄 도림맘 노하우

에어프라이어 사용 시 예열 없이 160℃에서 12분간 구워 주세요.

CHAPTER
6

소근육을 길러 주는
동글동글 볼

후기 이유식 단계부터

브로콜리
감자볼

브로콜리는 여러 식재료와 두루두루 잘 어울리는데요. 이번에는 데친 브로콜리와 삶은 감자로 감자볼을 만들어 봤습니다. 채소를 잘 먹지 않는 아이들도 거부감 없이 먹게 되는 간식입니다.

재료   2회분 기준

브로콜리	30g
삶은 감자	70g
아기 치즈	1장

만드는 법   ⏱ 15분 소요

1. 삶은 감자는 볼에 넣고 으깨 주세요.

2. 브로콜리는 살짝 데치고 꽃 부분만 잘게 썰어 넣어 주세요.

3. 아기 치즈까지 넣고 재료를 한 덩어리로 반죽해 주세요.

4. 반죽은 한입 크기로 나누어 동그랗게 만들고 오븐 팬 위에 올려 주세요.

🍳 도림맘 노하우

• 에어프라이어 사용 시 예열 없이 160℃에서 10분간 구워 주세요.

• 떡과 같은 쫀득한 식감을 원한다면 쌀가루를 15g 추가해 주세요.

5. 오븐 예열 없이 170℃에서 10분간 구워 주세요.

Chapter 6 소근육을 길러 주는 동글동글 볼

고구마볼

손쉽게 만들어 맛있게 먹을 수 있는 간식으로 작게 만들어 아이 소근육 발달에 도움을 줄 수 있습니다. 시판 볼과자를 대신해 직접 만들어 보는 것을 추천합니다.

재료
1회분 기준 🥄

삶은 고구마	80g
오트밀	30g
아기 치즈	1장(생략 가능)

만드는 법
⏱ 10분 소요

1. 삶은 고구마는 볼에 넣고 으깨 주세요.

2. 오트밀과 아기 치즈까지 넣고 한 덩어리로 반죽해 주세요.

3. 반죽은 한입 크기로 나누어 동그랗게 만들고 오븐 팬 위에 올려 주세요.

4. 오븐 예열 없이 170℃에서 5분간 구워 주세요.

🍄 도림맘 노하우

에어프라이어 사용 시 예열 없이 160℃에서 5분간 구워 주세요.

후기 이유식 단계부터

비트두부볼

아이들은 예쁜 색감에 관심을 갖게 됩니다. 그래서 두부와 알록달록한 채소를 조합해 통통 튀는 색감의 두부볼을 만들어 봤습니다. 보기도 좋고 먹기도 좋은 아이간식입니다.

재료	1회분 기준
비트	20g
으깬 두부	40g
쌀가루	30g

만드는 법 ⏱ 20분 소요

1. 강판에 간 비트와 으깬 두부를 볼에 넣어 주세요.

2. 쌀가루까지 넣고 한 덩어리로 반죽해 주세요.

3. 반죽은 한입 크기로 나누어 동그랗게 만들고 오븐 팬 위에 올려 주세요.

4. 오븐 예열 없이 170℃에서 15분간 구워 주세요.

🍴 응용 레시피

당근두부볼: 당근 20g, 으깬 두부 30g, 쌀가루 30g으로 재료를 대체할 수 있습니다.

🌸 도림맘 노하우

• 에어프라이어 사용 시 예열 없이 160℃에서 15분간 구워 주세요.

• 오트밀 10g을 추가해 구우면 더욱 고소한 맛을 즐길 수 있습니다.

Chapter 6 소근육을 길러 주는 동글동글 볼

후기 이유식 단계부터

딸기
오트밀볼

딸기는 향도 좋고 새콤달콤한 맛에 아이들이 가장 좋아하는 봄철 과일이기도 합니다. 입맛을 자극하는 딸기와 고소한 오트밀을 활용해 맛있는 간식을 만들어 보세요.

재료	1회분 기준
딸기	40g
오트밀	35g

만드는 법  15분 소요

1. 딸기는 볼에 넣고 으깨 주세요.

2. 오트밀을 넣고 한 덩어리로 반죽해 주세요.

3. 반죽은 한입 크기로 나누어 동그랗게 만들고 오븐 팬 위에 올려 주세요.

4. 오븐 예열 없이 170℃에서 10분간 구워 주세요.

🍴 응용 레시피

블루베리요거트볼: 블루베리 20g, 요거트 20g, 오트밀 30g으로 재료를 대체할 수 있습니다.

🌱 도림맘 노하우

에어프라이어 사용 시 예열 없이 160℃에서 15분간 구워 주세요.

중기 이유식 단계부터

노른자볼

달걀노른자와 아기 치즈, 두 가지 재료만으로 만들 수 있는 초간단 간식입니다. 노른자에 대한 알레르기 테스트가 필요한 시기에 만들어 제공하면 아이의 체질을 파악하는 데도 도움이 됩니다.

재료   1회분 기준

달걀노른자	2개
아기 치즈	1장

만드는 법 15분 소요

1. 삶은 달걀의 노른자만 볼에 넣어 으깨 주세요.

2. 아기 치즈까지 넣고 한 덩어리로 반죽해 주세요.

3. 반죽은 한입 크기로 나누어 동그랗게 만들고 오븐 팬 위에 올려 주세요.

4. 오븐 예열 없이 170℃에서 10분간 구워 주세요.

🐘 도림맘 노하우

에어프라이어 사용 시 예열 없이 160℃에서 10분간 구워 주세요.

후기 이유식 단계부터

흰살생선
크로켓

가자미, 명태 등 흰살생선은 영양가 높은 식재료입니다. 흰살생선을 활용해 서양식 크로켓을 만들어 보면 어떨까요? 간식은 물론이고 반찬으로도 즐길 수 있는 메뉴입니다.

재료 2회분 기준

이유식용 흰살생선 필렛	60g
삶은 감자	80g
쌀가루	20g
떡뻥튀기	5~6개

만드는 법 ⏱ 20분 소요

1. 이유식용 흰살생선 필렛은 자연 해동하거나 끓는 물에 데쳐 볼에 넣어 주세요.

2. 필렛과 삶은 감자를 먼저 으깨고 쌀가루를 넣어 한 덩어리로 반죽해 주세요.

3. 반죽은 한입 크기로 나누어 동그랗게 만들고 오븐 팬 위에 올려 주세요.

4. 떡뻥튀기를 잘게 부순 다음 둥근 반죽을 굴려 가루를 입혀 주세요.

🍠 도림맘 노하우

에어프라이어 사용 시 예열 없이 180℃에서 15분간 구워 주세요.

5. 반죽은 오븐 팬 위에 올리고 오븐 예열 없이 180℃에서 15분간 구워 주세요.

후기 이유식 단계부터

고구마
두부크로켓

종종 두부의 식감이나 맛을 좋아하지 않는 아이들을 보게 되는데요. 고구마와 두부를 활용해 만든 크로켓에 떡뻥튀기 가루까지 더해 맛과 영양을 고루 갖춘 간식을 만들어 보았습니다. 고구마두부크로켓으로 아이들의 입맛을 살려 보세요.

재료	1회분 기준
삶은 고구마	50g
으깬 두부	30g
쌀가루	20g
달걀노른자	1개
떡뻥튀기	5~6개
현미유	적당량

만드는 법   ⏱ 15분 소요

1. 삶은 고구마는 볼에 넣어 으깨 주세요.

2. 으깬 두부를 넣어 주세요.

3. 쌀가루와 달걀노른자까지 넣고 반죽해 한입 크기로 동그랗게 만들어 주세요.

4. 떡뻥튀기를 잘게 부순 다음 둥근 반죽을 굴려 가루를 입혀 주세요.

🏠♥ 도림맘 노하우

에어프라이어 사용 시 예열 없이 170℃에서 10분간 구워 주세요.

5. 반죽은 현미유 두른 팬에 올리고 오븐 예열 없이 170℃에서 10분간 구워 주세요.

후기 이유식 단계부터

가지크로켓

가지는 물컹한 식감과 특유의 향 때문에 아이들이 선호하지 않는 식 재료인데요. 어떻게 아이에게 가지를 먹일까 고민하던 중에 크로켓을 떠올렸습니다. 가지를 활용해 바삭한 크로켓을 만들어 아이에게 색다른 간식을 제공해 보세요.

재료	1회분 기준
가지	50g
쌀가루	20g
달걀노른자	1개
떡뻥튀기	5~6개
현미유	적당량

만드는 법 ⏱ 20분 소요

1. 가지는 잘게 썰어 볼에 넣어 주세요.

2. 쌀가루와 달걀노른자까지 넣고 반죽해 한입 크기로 동그랗게 만들어 주세요.

3. 떡뻥튀기를 잘게 부순 다음 둥근 반죽을 굴려 가루를 입혀 주세요.

4. 반죽은 현미유 두른 팬에 올리고 오븐 예열 없이 180℃에서 15분간 구워 주세요.

🐷💛 도림맘 노하우

에어프라이어 사용 시 예열 없이 170℃에서 15분간 구워 주세요.

Chapter 6 소근육을 길러 주는 동글동글 볼

후기 이유식 단계부터
연어볼

생선을 활용해 이유식을 만들면 특유의 비린 맛 때문인지 아이들이 잘 먹지 않더라고요. 그럴 때 생선볼을 만들어 이유식과 함께 또는 간식으로 제공하면 아이들이 거부감 없이 잘 먹고 든든하게 영양소를 보충할 수 있답니다.

재료
2회분 기준

연어	30g
삶은 감자	30g
오트밀	10g(생략 가능)
쌀가루	30g
아기 치즈	1장
물	15ml

만드는 법
⏱ 15분 소요

1. 연어를 익히고 잘게 썰어 볼에 넣어 주세요.

2. 삶은 감자를 숭덩숭덩 썰어 넣어 주세요.

3. 오트밀, 쌀가루, 아기 치즈, 물을 넣고 재료를 한 덩어리로 반죽해 주세요.

4. 반죽은 작게 나누어 동그랗게 만들고 종이 포일을 깐 오븐 팬 위에 올려 주세요.

5. 오븐 예열 없이 200℃에서 10분간 구워 주세요.

🍀 도림맘 노하우
• 에어프라이어 사용 시 예열 없이 180℃에서 15분간 구워 주세요.
• 연어는 순살 연어(필렛)로 사용할 것을 추천합니다.

후기 이유식 단계부터

두부찰볼

빵집이나 카페에서 판매하는 쫀득한 도넛을 생각하며 만든 간식입니다. 고소하고 부드러운 연두부를 활용해 만든 두부찰볼은 우리 아이들도 정말 좋아합니다.

재료　　2회분 기준

연두부(또는 순두부)	100g
쌀가루	50g
찹쌀가루	50g
아기 치즈	1장

만드는 법　　⏱ 15분 소요

1. 연두부는 볼에 넣어 으깨 주세요.

2. 쌀가루, 찹쌀가루, 아기 치즈를 넣고 한 덩어리로 반죽해 주세요.

3. 반죽은 한입 크기로 나누어 동그랗게 만들고 오븐 팬 위에 올려 주세요.

4. 오븐 예열 없이 170℃에서 12분간 구워 주세요.

🍶 도림맘 노하우

에어프라이어 사용 시 예열 없이 160℃에서 12분간 구워 주세요.

CHAPTER
7

쫀득쫀득 부드러운 식감
떡

우유쌀떡

재료   2회분 기준

우유(또는 분유물)	80ml
쌀가루	80g
달걀	1개

아이가 우유 또는 분유를 잘 먹지 않는다고 걱정하지 마세요. 간식으로 보충할 수 있으니까요. 우유 또는 분유를 넣은 간식으로 부족한 영양 성분을 챙겨 주세요.

만드는 법   ⏱ 20분 소요

1. 볼에 우유, 쌀가루, 달걀을 넣고 반죽해 주세요.

2. 반죽은 실리콘 머핀틀에 나누어 담아 주세요.

3. 반죽을 찜기에 넣고 물이 끓어오르면 뚜껑을 닫아 15분간 쪄 주세요.

후기 이유식 단계부터

두부
요거트떡

재료   1회분 기준

으깬 두부	30g
요거트	30g
쌀가루	30g

🐾 **도림맘 노하우**

반죽 단계에서 아기 치즈 1장을 넣
어도 맛있습니다.

찜기가 아닌 전자레인지를 활용해 간단하게 백설기를 만들어 볼 거
에요. 두부와 요거트로 만든 백설기는 어떤 맛일까요? 아이들이 좋아
할 만한 간식이겠죠.

만드는 법   ⏱ 5분 소요

1. 볼에 으깬 두부, 요거트, 쌀가루를 넣
고 한 덩어리로 반죽해 주세요.

2. 반죽은 실리콘 머핀틀에 나누어 담아
주세요.

3. 그대로 전자레인지에 1분간 돌려주세요.

Chapter 7 쫀득쫀득 부드러운 식감 떡

후기 이유식 단계부터

단호박떡

단호박떡은 도림맘이 정말 좋아합니다. 떡을 집에서 쉽게 만들 수 없을까 고민하다 탄생한 메뉴입니다. 달큰한 단호박떡 우리 아이들이 참 좋아하는 간식입니다.

재료	2회분 기준
삶은 단호박	60g
쌀가루	60g
물	10ml

만드는 법 20분 소요

1. 삶은 단호박은 껍질을 벗기고 볼에 넣어 으깨 주세요.

2. 쌀가루와 물까지 넣고 재료를 한 덩어리로 반죽해 주세요.

3. 반죽은 실리콘 머핀틀에 나누어 담아 주세요.

4. 반죽을 찜기에 넣고 물이 끓어오르면 뚜껑을 닫아 15분간 쪄 주세요.

후기 이유식 단계부터

바나나
두부쌀떡

바나나와 두부가 함께 들어가 비타민과 단백질이 풍부한 간식입니다. 달걀 대신 두부를 넣어 단백질을 보충하고 고소함을 더했습니다.

재료	1회분 기준
바나나	50g
으깬 두부	35g
쌀가루	30g

만드는 법 ⏱ 20분 소요

1. 바나나는 볼에 넣어 으깨 주세요.

2. 으깬 두부와 쌀가루를 넣고 반죽해 주세요.

3. 반죽은 실리콘 머핀틀에 나누어 담아 주세요.

4. 반죽을 찜기에 넣고 물이 끓어오르면 뚜껑을 닫아 15분간 쪄 주세요.

🍴 응용 레시피

바나나연두부쌀떡: 으깬 두부 35g을 연두부 30g으로 대체할 수 있습니다.

🍲 도림맘 노하우

반죽 단계에서 아기 치즈를 넣어도 맛있습니다.

바나나 치즈쌀떡

바나나를 넣어 떡을 만들면 좀 더 부드럽게 즐길 수 있답니다. 떡집에서는 판매하지 않는 바나나치즈쌀떡을 엄마가 직접 만들어 보세요. 아이가 정말 좋아합니다.

재료　　　2회분 기준

바나나	40g
요거트	40g
쌀가루	40g
달걀노른자	1개(생략 가능)
아기 치즈	1장

만드는 법　　　⏱ 20분 소요

1. 바나나는 볼에 넣어 으깨 주세요.

2. 요거트, 쌀가루, 달걀노른자, 아기 치즈를 넣고 반죽해 주세요.

3. 반죽은 실리콘 머핀틀에 나누어 담아 주세요.

4. 반죽을 찜기에 넣고 물이 끓어오르면 뚜껑을 닫아 15분간 쪄 주세요.

🍴 응용 레시피

딸기치즈쌀떡: 바나나 40g을 딸기 40g으로 대체할 수 있습니다.

후기 이유식 단계부터

바나나
현미떡

이유식을 만들기 위해 구매하는 현미가루를 활용한 간식입니다. 현미가루와 바나나를 섞어 떡으로 만들어 보세요. 든든한 간식이 완성됩니다.

재료   1회분 기준

바나나	50g
현미가루	35g
우유(또는 분유물)	20ml

만드는 법   ⏱ 20분 소요

1. 바나나는 볼에 넣어 으깨 주세요.

2. 현미가루와 우유를 넣고 반죽해 주세요.

3. 반죽은 실리콘 머핀틀에 나누어 담아 주세요.

4. 반죽을 찜기에 넣고 물이 끓어오르면 뚜껑을 닫아 15분간 쪄 주세요.

🍚 도림맘 노하우

떡뻥튀기를 잘게 부순 다음 완성된 떡을 굴려 가루를 묻혀 먹는 것도 좋습니다.

고구마
두부인절미

인절미를 생각하며 만든 메뉴입니다. 고구마와 두부를 활용한 건강한 간식인데요. 인절미는 주변에서 쉽게 구매해 맛볼 수 있지만 두부를 더해 영양까지 챙긴 인절미는 우리 집 주방에서만 탄생합니다.

재료　　　1회분 기준

삶은 고구마	30g
으깬 두부	30g
쌀가루(또는 찹쌀가루)	30g

만드는 법　　　⏱ 5분 소요

1. 삶은 고구마는 볼에 넣어 으깨 주세요.

2. 으깬 두부와 쌀가루까지 넣고 한 덩어리로 반죽해 주세요.

3. 반죽을 내열 용기 바닥에 눌러 담아 전자레인지에 1분간 돌려주세요.

4. 전자레인지에서 반죽을 꺼내 주걱으로 여러 차례 치대주세요.

🍀 도림맘 노하우

퍽퍽한 밤고구마를 사용하는 경우 물을 조금 추가해 주세요.

5. 3, 4 과정을 한 차례 더 반복한 후 쟁반 위에 떡을 얇게 펴 열기를 식혀 주세요.

6. 먹기 좋은 크기로 잘라 주세요.

후기 이유식 단계부터

배찜케이크

배가 들어간 간식으로는 뭐가 있을까 고민하다가 만들게 된 메뉴입니다. 아이가 입맛이 없을 때, 배를 갈아 넣은 배찜케이크를 만들어 보세요. 달달하면서도 든든한 간식이 될 수 있습니다.

재료	2회분 기준
배	30g
요거트	40g
쌀가루	30g
달걀	1개

토핑	
배	소량

만드는 법

 20분 소요

1. 배를 강판에 갈아 주세요.

2. 볼에 갈아 둔 배, 요거트, 쌀가루, 달걀을 넣고 반죽해 주세요.

3. 반죽은 실리콘 머핀틀에 나누어 담고 잘게 썬 배를 4~5개씩 올려 주세요.

4. 반죽을 찜기에 넣고 물이 끓어오르면 뚜껑을 닫아 15분간 쪄 주세요.

후기 이유식 단계부터

오트밀 납작떡

오트밀과 쌀가루를 이용해 만든 간식입니다. 때로는 요거트 대신 아이가 좋아하는 과일을 추가해 보세요. 다양한 방식으로 즐기는 오트밀납작떡 한 번 만들어 볼까요?

재료

1회분 기준

오트밀	20g
쌀가루	20g
요거트	40g

만드는 법

⏱ 20분 소요

1. 볼에 오트밀, 쌀가루, 요거트를 넣고 반죽해 주세요.

2. 종이 포일을 깐 오븐 팬 위에 반죽을 올려 얇게 펴 주세요.

3. 오븐 예열 없이 170℃에서 15분간 구워 주세요.

4. 먹기 좋은 크기로 잘라 주세요.

🌸 도림맘 노하우

에어프라이어 사용 시 예열 없이 160℃에서 15분간 구워 주세요.

Chapter 7 쫀득쫀득 부드러운 식감 떡

후기 이유식 단계부터

딸기치즈
쌀케이크

딸기로 만든 떡은 색감이 예쁘고 맛도 좋아 아이들의 사랑을 듬뿍 받는 메뉴입니다. 오븐이나 에어프라이어를 활용해 겉은 바삭하고 속은 쫀득한 딸기치즈쌀케이크를 만들어 봅니다.

재료	2회분 기준
딸기	50g
아기 치즈	1장
요거트	20g
쌀가루	50g

만드는 법

 20분 소요

1. 딸기는 볼에 넣어 으깨 주세요.

2. 요거트와 쌀가루까지 넣고 반죽해 주세요.

3. 반죽을 내열 용기에 담고 아기 치즈를 조각내 그 위에 올리거나 섞어 주세요.

4. 오븐 예열 없이 170℃에서 15분간 구워 주세요.

🌸 도림맘 노하우

에어프라이어 사용 시 예열 없이 160℃에서 15분간 구워 주세요.

Chapter 7 쫀득쫀득 부드러운 식감 떡

후기 이유식 단계부터

귤납작떡

과일을 재료로 해 만든 떡은 다양한 색을 표현하기 좋습니다. 귤을 이용해 새콤달콤한 떡을 만들어 보세요. 프라이팬으로 손쉽게 만들 수 있답니다.

재료 1회분 기준

귤	40g
요거트	30g
쌀가루	40g
현미유	적당량

만드는 법 ⏱ 15분 소요

1. 믹서에 껍질 벗긴 귤을 갈아 볼에 넣어 주세요.

2. 요거트와 쌀가루까지 넣고 반죽해 주세요.

3. 팬에 현미유를 두르고 반죽을 올려 주세요.

4. 2분간 굽고 가장자리가 반투명해지면 뒤집어 3분간 구워 주세요.

Chapter 7 쫀득쫀득 부드러운 식감 떡

후기 이유식 단계부터

우유설기

우유와 쌀가루만 있다면 5분 이내에 뚝딱 완성되는 떡입니다. 바쁜 아침 또는 밥이 준비되지 않았을 때, 주스와 우유설기만 있다면 우리 아이들의 건강한 한 끼를 해결할 수 있습니다.

재료
1회분 기준

우유(또는 분유물)	80ml
쌀가루(또는 찹쌀가루)	50g

만드는 법
 3분 소요

1. 볼에 우유와 쌀가루를 넣고 가루가 날리지 않도록 섞어 주세요.

2. 반죽은 내열 용기 담아 전자레인지에 1분간 돌려주세요.

3. 전자레인지에서 반죽을 꺼내 주걱으로 여러 차례 치대주세요.

4. 반죽을 내열 용기 바닥에 눌러 담아 다시 전자레인지에 30초간 돌려주세요.

🐘 도림맘 노하우
· 반죽 단계에서 아가베 시럽 10g을 넣어주면 더욱 맛있게 즐길 수 있습니다.

· 찹쌀가루로 만들어 표면이 끈적일 때는 떡뻥튀기를 부숴 묻혀 주세요.

5. 전자레인지에서 반죽을 꺼내 주걱으로 여러 차례 치대주세요.

6. 쟁반 위에 떡을 얇게 펴 열기를 식힌 다음 먹기 좋은 크기로 잘라 주세요.

Chapter 7 쫀득쫀득 부드러운 식감 떡

CHAPTER
8

바쁜 하루 든든한
한 끼 대용 간식

중기 이유식 단계부터

병아리콩
수프

병아리콩은 칼슘과 마그네슘이 풍부한 식재료입니다. 다양한 식재료를 경험하게 하고 싶은 엄마들의 마음을 담아 병아리콩으로 수프를 만들어 보았어요. 식사 대용으로 안성맞춤입니다.

재료	2회분 기준
병아리콩	100g
삶은 감자	40g
우유	100ml
물	50ml

만드는 법 30분 소요

1. 병아리콩은 8시간 이상 물에 불려 주세요.

2. 불린 병아리콩을 헹군 후 끓는 물에 20분간 삶아 주세요.

3. 삶은 병아리콩의 껍질을 벗기고 믹서에 물과 함께 갈아 주세요.

4. 냄비에 갈아 둔 병아리콩, 삶은 감자, 우유를 넣어 주세요.

🍴 도림맘 노하우

병아리콩 껍질을 벗기는 과정이 번거롭다면 수프를 만든 다음 체에 밭쳐 껍질을 거르는 방법도 있습니다.

5. 중불에서 주걱으로 감자를 으깨 가며 5분간 끓여 주세요.

6. 약불로 바꾸고 하얀 거품이 사라질 때까지 끓여 주세요.

중기 이유식 단계부터

옥수수수프

통조림 옥수수는 양이 많아 한번 사용 후에는 방치하거나 유통기한을 넘겨 버리는 경우가 많았는데요. 요리하고 남은 통조림 옥수수로 이번에는 수프를 만들어 보았습니다. 든든한 한 끼 또는 맛있는 간식이 되어 주는 메뉴입니다.

재료	3회분 기준
통조림 옥수수	120g
양파	30g
아기 치즈	1장
우유	150ml
무염버터	10g

만드는 법 20분 소요

1. 양파는 채 썰어 냄비에 넣어 주세요.

2. 통조림 옥수수의 국물은 버리고 옥수수만 넣어 주세요.

3. 마지막으로 무염버터를 넣고 중불에서 3분간 볶아 주세요.

4. 양파가 반투명해지면 볶는 것을 멈추고 그대로 잠시 식혀 주세요.

5. 믹서에 볶은 재료를 넣고 간 후 우유와 같이 냄비에 부어 주세요.

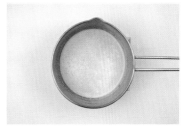

6. 중불에서 주걱으로 저어 가며 5분간 끓이고 수프가 끓어오르면 불을 줄인 후 아기 치즈를 넣고 1분간 더 끓여 주세요.

중기 이유식 단계부터

단호박
사과수프

단호박과 사과로 만든 달콤한 수프입니다. 사과는 갈아 넣어도 좋고 잘게 썰어 아삭한 식감을 내도 좋습니다. 씹는 요소를 추가하면 아이의 저작 활동에도 도움을 줄 수 있답니다.

재료	2회분 기준
삶은 단호박	60g
사과	30g
우유(또는 분유물)	100ml

만드는 법   10분 소요

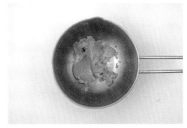

1. 삶은 단호박은 껍질을 벗기고 냄비에 넣어 으깨 주세요.

2. 잘게 썬 사과를 넣고 우유를 부어 주세요.

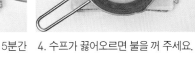

3. 약불에서 주걱으로 저어 가며 5분간 끓여 주세요.

4. 수프가 끓어오르면 불을 꺼 주세요.

🌸 도림맘 노하우

초기 이유식 단계에서는 사과를 갈거나 사과퓌레를 활용해 주세요.

완료기 이유식 단계부터

게살수프

시중에서 쉽게 구할 수 있는 크래미 또는 게살을 활용해 만든 수프입니다. 바쁜 아침 따뜻한 한 끼 식사로 아이에게 제공할 수 있는 메뉴입니다.

재료	2회분 기준
크래미(또는 게살)	15g
아기 육수	250ml
전분	15g
물	30ml
달걀	1개

만드는 법 15분 소요

1. 멸치로 우린 아기용 육수를 냄비에 준비해 주세요.

2. 크래미는 손으로 잘게 찢어 넣어 주세요.

3. 2를 중불에서 끓이는 동안 달걀물을 풀어 준비해 주세요.

4. 수프가 끓으면 달걀물을 붓고, 따로 전분과 물을 섞어 준비해 주세요.

🍀 도림맘 노하우

· 냉동 게살 사용 시 전자레인지에 30초간 돌려 해동한 후 사용해 주세요.

· 전분물을 넣은 다음부터는 금방 탈 수 있으니 약불에서 잘 저어 주세요.

5. 다시 끓어오르면 전분물을 붓고 약불에서 저어 가며 1분간 끓여 주세요.

중기 이유식 단계부터

감자수프

아이가 감자를 잘 먹지 않는다면 삶은 감자를 으깨 감자수프를 만들어 보세요. 치즈와 우유를 더해 고소함이 배가 되는 메뉴입니다.

재료	2회분 기준
삶은 감자	100g
아기 치즈	1장
우유(또는 분유물)	120ml
무염버터	10g

만드는 법  15분 소요

1. 무염버터는 냄비에 넣고 약불에서 녹여 주세요.

2. 삶은 감자를 숭덩숭덩 썰어 넣고 으깨 주세요.

3. 우유를 붓고 중불에서 주걱으로 저어가며 5분간 끓여 주세요.

4. 수프가 끓어오르면 아기 치즈를 올리고 약불에서 1분간 녹여 주세요.

🍴 응용 레시피

시금치감자수프, 대파감자수프: 시금치 10g 또는 대파 5g을 우유와 함께 믹서로 갈아 넣어 주면 더욱 맛있는 감자수프가 됩니다.

🌱 도림맘 노하우

끓이는 중에는 농도가 묽어 보여도 식으면 걸쭉해지니 우유는 정량으로 넣어 주세요.

중기 이유식 단계부터

고구마
크림수프

재료	2회분 기준
삶은 고구마	80g
아기 치즈	1장
우유(또는 분유물)	100ml

고구마를 우유와 함께 갈아 수프를 만들어 보세요. 고소하고 부드러워 입맛 없는 아이에게 맛있는 한 끼가 될 수 있습니다.

만드는 법   🕐 15분 소요

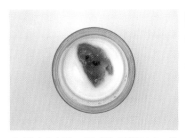

1. 믹서에 삶은 고구마와 우유를 넣고 갈아 주세요.

2. 냄비에 갈아 둔 재료를 넣고 약불에서 주걱으로 저어 가며 3분간 끓여 주세요.

3. 수프가 끓어오르면 아기 치즈를 올리고 약불에서 1분간 녹여 주세요.

후기 이유식 단계부터

단호박
샐러드

재료	1회분 기준
삶은 단호박	80g
파프리카	10g
오이	10g
아기 치즈	1장
우유(또는 분유물)	15ml

🍴 응용 레시피

고구마샐러드, 감자샐러드: 삶은 단호박 80g을 삶은 고구마 80g 또는 삶은 감자 80g으로 대체할 수 있습니다.

마요네즈 없이 샐러드를 만들 수는 없을까? 마요네즈 사용을 꺼리는 엄마들을 위해 준비했습니다. 우유와 치즈를 활용해 마요네즈 없이도 맛있는 단호박샐러드를 만들어 보세요.

만드는 법   ⏱ 5분 소요

1. 삶은 단호박을 으깨고, 잘게 썬 파프리카, 오이와 함께 볼에 넣어 주세요.

2. 내열 용기에 아기 치즈와 우유를 담고 전자레인지에 30초간 돌려주세요.

3. 1에 2를 넣고 섞어 주세요.

Chapter 8 바쁜 하루 든든한 한 끼 대용 간식

후기 이유식 단계부터

고구마
에그슬럿

고구마가 퍽퍽해 싫어하는 아이가 있다면 고구마에그슬럿을 만들어 주세요. 고구마에 달걀과 치즈를 넣어 부드러운 간식이 탄생했는데 요. 삶은 고구마로 만드는 간단한 메뉴랍니다.

재료	1회분 기준
삶은 고구마	50g
달걀	1개
아기 치즈	1장

만드는 법 3분 소요

1. 삶은 고구마는 내열 용기에 넣어 으깨 주세요.

2. 으깬 고구마 위에 아기 치즈를 올려 주세요.

3. 아기 치즈 위에 달걀을 깨뜨려 올려 주세요.

4. 그대로 전자레인지에 넣어 1분 30초간 돌려주세요.

🍴 응용 레시피

단호박에그슬럿: 삶은 고구마 50g 을 삶은 단호박 50g으로 대체할 수 있습니다.

Chapter 8 바쁜 하루 든든한 한 끼 대용 간식

완료기 이유식 단계부터

달걀샐러드

삶은 달걀로 만든 아이들을 위한 샐러드입니다. 간편하게 즐기는 달 걀샐러드는 어떤 맛일지 아이들의 반응이 궁금하지 않나요? 간단한 재료로 후다닥 만들어 보세요.

재료 — 1회분 기준

재료	분량
달걀	1개
아기 치즈	1장
파슬리	한 꼬집(생략 가능)

만드는 법 20분 소요

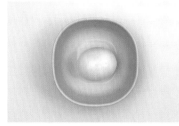

1. 달걀은 끓는 물에 15분간 삶아 주세요.

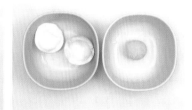

2. 완숙으로 삶은 달걀을 식힌 다음 흰자 와 노른자를 분리해 주세요.

3. 흰자는 먹기 좋은 크기로 잘게 잘라 주 세요.

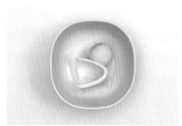

4. 내열 용기에 노른자와 아기 치즈를 담 고 전자레인지에 20초간 돌려주세요.

🍀 도림맘 노하우

5단계에서 우유 20ml 또는 요거트 20g을 넣으면 더욱 부드럽게 즐길 수 있습니다.

5. 노른자와 아기 치즈를 잘 섞은 다음 잘 게 자른 흰자와 함께 버무려 주세요.

6. 달걀샐러드를 접시에 담고 위에 파슬 리를 뿌려 완성해 주세요.

후기 이유식 단계부터

오버나이트 오트밀

오버나이트오트밀은 거친 귀리를 요거트 또는 우유와 함께 오랜 시간 냉장고에 보관하며 불려 먹는 간식입니다. 오버나이트오트밀 토핑은 아이가 좋아하는 과일로 자유롭게 준비해 보세요.

재료   1회분 기준

오트밀	15g
요거트	30g(또는 우유 30ml)

토핑

과일	소량
과일퓌레	소량

만드는 법   ⏱ 5분 소요

1. 밀폐용기에 오트밀을 담아 주세요.

2. 오트밀 위에 요거트를 붓고 골고루 펴 주세요.

3. 2 위에 아이가 좋아하는 과일퓌레를 올려 주세요.

4. 그 옆으로 아이가 좋아하는 과일을 잘게 썰어 올려 주세요.

5. 밀폐용기 뚜껑을 닫고 8시간 이상 냉장 보관해 주세요.

중기 이유식 단계부터

오트밀
포리지

오트밀포리지는 해외에서 아침 식사로 즐겨 먹는 메뉴입니다. 거친 귀리를 우유 또는 물과 함께 푹 끓여 먹는 오트밀포리지로 온 가족이 함께 즐겨 보세요.

재료	1회분 기준
오트밀	15g
물(또는 우유)	80ml

토핑

과일	소량
요거트	소량

만드는 법 5분 소요

1. 냄비에 오트밀을 넣어 주세요.

2. 물을 붓고 약불에서 주걱으로 저어 가며 5분간 끓여 주세요.

3. 주걱으로 떴을 때 내용물이 걸쭉하게 떨어지면 불을 꺼 주세요.

4. 죽을 그릇에 담고 잘게 썬 과일과 요거트를 올려 주세요.

두부
프리타타

토마토가 들어간 프리타타는 많이 있지만, 두부를 이용한 프리타타는 좀 생소하죠? 두부를 편식하는 아이를 위해 두부프리타타를 만들어 주세요.

재료　2회분 기준

두부	20g
칵테일 새우	20g
시금치	5g
달걀	1개
아기 치즈	1장

만드는 법 20분 소요

1. 볼에 달걀을 풀어 주세요.

2. 칵테일 새우와 시금치를 잘게 썰어 넣고 달걀과 섞어 주세요.

3. 내용물은 실리콘 머핀틀에 나누어 담아 주세요.

4. 두부는 큐브 모양으로 잘라 4~5개씩 실리콘 머핀틀에 넣어 주세요.

🍠 도림맘 노하우

· 에어프라이어 사용 시 예열 없이 180℃에서 20분간 구워 주세요.

· 시금치 대신 애호박, 토마토 등 다양한 채소를 사용해도 됩니다.

5. 아기 치즈도 작게 조각 내 머핀틀 위에 올려 주세요.

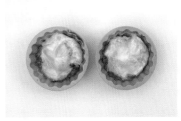

6. 오븐 예열 없이 200℃에서 15분간 구워 주세요.

CHAPTER
9

가볍게 곁들이기 좋은
음료&디저트

초기 이유식 단계부터

전기밥솥
배숙

환절기 감기에 배숙만큼 좋은 음료는 없을 듯한데요. 목감기 예방에 좋은 배숙을 전기밥솥으로 간편하게 만들어 봅니다. 꿀 또는 설탕을 넣지 않아 안심하고 아이에게 먹일 수 있습니다.

재료	2회분 기준
배	1개
건대추	3개
물	200ml

만드는 법 20분 소요

1. 배의 껍질을 벗기고 큼지막하게 썰어 밥솥에 넣어 주세요.

2. 건대추의 씨를 제거하고 넣어 주세요.

3. 밥솥에 물을 붓고 찜모드를 실행해 주세요.

4. 찜모드가 끝나면 체에 내용물을 부어 주걱으로 눌러 즙을 짜 주세요.

5. 즙과 물을 1:1 비율로 섞어 주세요.

중기 이유식 단계부터
콩나물식혜

마트에서 저렴하게 구입할 수 있는 콩나물로 식혜를 만들어 봤습니다. 따뜻하게 해서 마시면 이보다 더 좋은 감기약이 없을 정도로 유용한 음료입니다. 전기밥솥 찜모드를 활용해 간단하게 만들어 봅니다.

재료 5회분 기준	
콩나물	30g
무	50g
배	1개
물	240ml

만드는 법 ⏱ 30분 소요

1. 콩나물은 머리 부분을 떼어내고 줄기 부분만 준비해 주세요.

2. 무와 배의 껍질을 벗기고 큼지막하게 썰어 밥솥에 넣어 주세요.

3. 손질한 콩나물과 물까지 넣어 찜모드를 실행해 주세요.

4. 찜모드가 끝나면 체에 내용물을 부어 주걱으로 눌러 즙을 짜 주세요.

5. 즙은 바로 컵에 따라 마시거나, 냉장 보관해 3일 이내로 섭취해 주세요.

중기 이유식 단계부터

사과퓌레

과일퓌레는 아이가 이유식을 시작할 때 제일 먼저 접하는 간식입니다. 구매하는 것도 좋지만 집에서 직접 만들면 더 좋지 않을까요? 사과를 찐 다음 갈아 주면 갈변 현상도 막을 수 있답니다.

재료   3회분 기준

사과	1개

만드는 법   ⏱ 15분 소요

1. 사과의 껍질을 벗기고 큼지막하게 썰어 주세요.

2. 썰어 둔 사과를 찜기에 넣고 물이 끓어오르면 뚜껑을 닫아 10분간 쪄 주세요.

3. 젓가락으로 찔렀을 때 푹 들어가면 불을 꺼 주세요.

4. 믹서에 찐 사과를 넣고 갈아 주세요.

🍳 **도림맘 노하우**

냉장 보관한 퓌레는 3일 이내, 냉동 보관한 퓌레는 3주 이내로 섭취해 주세요.

5. 퓌레는 소분하여 냉장 또는 냉동 보관해 주세요.

완료기 이유식 단계부터

키위바나나
퓌레

재료　　　2회분 기준

키위(또는 골드키위)	1/2개
바나나	1개

🌸 **도림맘 노하우**

냉장 보관한 퓌레는 3일 이내, 냉동 보관한 퓌레는 3주 이내로 섭취해 주세요.

아이들은 전혀 예상치 못한 식재료에 알레르기 반응을 일으키기도 합니다. 키위바나나퓌레는 우리 아이의 키위 알레르기 반응을 테스트하기 좋은 간식입니다. 키위와 바나나를 함께 갈아 새콤달콤한 퓌레를 만들어 보세요.

만드는 법　　　⏱ 5분 소요

1. 믹서에 키위와 바나나를 넣고 갈아 주세요.

2. 냄비에 갈아 둔 재료를 넣고 중불에서 5분간 끓여 주세요.

3. 퓌레가 끓어오르면 불을 끄고 식힌 후 냉장 또는 냉동 보관해 주세요.

중기 이유식 단계부터

사과당근
주스

재료	1회분 기준
사과	40g
당근	20g
물	120ml

엄마가 직접 갈아 만든 생과일 주스로 설탕이나 시럽이 들어가지 않은 건강한 음료입니다. 사과와 당근 모두 섬유질이 풍부해 변비로 고생하는 아이에게 도움이 됩니다.

만드는 법   ⏱ 5분 소요

1. 믹서에 사과, 당근, 물을 넣고 갈아 주세요.

2. 체에 내용물을 부어 즙만 걸러 주세요.

3. 2를 컵에 따라 주세요.

완료기 이유식 단계부터

키위
브로콜리
스무디

재료	2회분 기준
키위(또는 골드키위)	1개
브로콜리	20g
바나나	1개
요거트	80g

키위는 새콤달콤한 과일로 아이들의 입맛을 자극하는 데 도움을 줍니다. 키위와 브로콜리 그리고 달콤한 바나나까지 한데 넣고 갈아 스무디로 만들어 보세요. 아이들의 배변활동에도 도움을 주는 음료입니다.

만드는 법   ⏱ 5분 소요

1. 끓는 물에 살짝 데친 브로콜리를 키위, 바나나와 함께 믹서에 넣어 주세요.

2. 요거트까지 넣고 곱게 갈아 주세요.

3. 2를 컵에 따라 주세요.

완료기 이유식 단계부터

딸기
오트밀라테

재료	1회분 기준
딸기	60g
오트밀	15g
우유	120ml

음료 색이 분홍 빛깔을 띠기 때문인지 몰라도 딸기라테는 여아들에게 인기가 좋은 음료입니다. 일반적인 딸기라테에 오트밀을 추가해 철분이 풍부한 건강 음료로 재탄생했습니다.

만드는 법 ⏱ 5분 소요

1. 믹서에 딸기와 우유를 넣어 주세요.

2. 오트밀까지 넣고 곱게 갈아 주세요.

3. 2를 컵에 따라 주세요.

중기 이유식 단계부터

커스터드
푸딩

재료   2회분 기준

쌀가루(또는 밀가루)	15g
달걀노른자	1개
우유(또는 분유물)	100ml

뉴욕 여행에서 빠질 수 없는 디저트로 알려진 매그놀리아 바나나 푸딩을 생각하며 만든 메뉴입니다. 그대로 먹어도 맛있고 빵에 발라 먹어도 좋습니다.

만드는 법   ⏱ 5분 소요

1. 냄비에 쌀가루, 달걀노른자, 우유를 넣고 섞어 주세요.

2. 약불에서 주걱으로 눌어붙지 않게 저어 가며 2분간 끓여 주세요.

3. 반죽이 되직해지면 불을 끄고 그릇에 담아 주세요.

후기 이유식 단계부터

땅콩바나나
스무디

재료   1회분 기준

땅콩버터	5g
바나나	1개
우유	120ml

아이들에게 다양한 식재료를 경험하게 하는 것은 성장하면서 알레르기의 발병 위험을 줄여 줍니다. 땅콩버터를 활용해 고소하고 달콤한 스무디를 만들어 주세요.

만드는 법   ⏱ 5분 소요

1. 믹서에 바나나를 넣어 주세요.

2. 땅콩버터와 우유까지 넣고 곱게 갈아 주세요.

3. 2를 컵에 따라 주세요.

중기 이유식 단계부터

아기딸기잼

빵을 좋아하는 아이에게 잼이라도 발라주고 싶은데 시중에서 판매하는 잼은 너무 단 데다 성분을 확인하기 어려워 직접 만들어 봤습니다. 아가베 시럽으로 단맛을 살린 아기딸기잼입니다.

재료   10회분 기준

딸기(또는 냉동 딸기)	100g
치아씨드	5g
아가베 시럽	30g

만드는 법   10분 소요

1. 딸기는 냄비에 넣어 으깨 주세요.

2. 아가베 시럽을 넣어 주세요.

3. 약불에서 주걱으로 눌어붙지 않게 저어 가며 5분간 끓여 주세요.

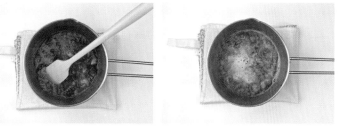

4. 올라오는 거품은 걷어내 주세요.

🥦 도림맘 노하우

· 냉장 보관한 아기딸기잼은 1주일 이내로 섭취해 주세요.

· 요거트 80g에 아기딸기잼을 넣어 먹으면 정말 맛있습니다.

· 레몬즙을 추가로 넣으면 보관기간이 늘어납니다.

5. 농도가 걸쭉해지면 불을 끄고 치아씨드를 넣어 섞어 주세요.

6. 완성된 잼은 소독한 밀폐용기에 담고 냉장 보관해 주세요.

중기 이유식 단계부터

바나나
시나몬잼

단맛이 강한 바나나와 새콤달콤한 사과즙으로 만든 잼입니다. 빵이
나 과자에 조금씩 발라주거나 요거트에 곁들여 먹으면 맛있습니다.

재료	3회분 기준
바나나	120g
사과즙	100ml
시나몬 가루	3g
레몬즙(또는 식초)	5ml

만드는 법 15분 소요

1. 냄비에 숭덩숭덩 썬 바나나와 사과즙을 넣어 주세요.

2. 그 위에 시나몬 가루를 뿌려 주세요.

3. 중불에서 주걱으로 바나나를 으깨며 7분간 끓여 주세요.

4. 내용물이 모두 풀어지면 불을 끄고 레몬즙을 넣어 주세요.

🍠 도림맘 노하우

· 냉장 보관한 바나나시나몬잼은 1주일 이내로 섭취해 주세요.

· 바나나시나몬잼은 원래 묽지 않고 되직한 편입니다.

5. 완성된 잼은 소독한 밀폐용기에 담고 냉장 보관해 주세요.

후기 이유식 단계부터

홍시양갱

가을에 즐길 수 있는 홍시를 아이들에게 맛있게 먹일 방법을 고민하다 개발한 메뉴입니다. 홍시 또는 귤을 활용해 양갱을 만들어 보세요. 탱글탱글해 아이들의 촉감 놀이에 활용하기에도 좋습니다.

재료	1회분 기준
홍시	100g
한천 가루	2g
물	20ml

만드는 법 10분 소요

1. 홍시는 으깨고, 한천 가루는 물에 풀어 준비해 주세요.

2. 물에 풀어 준비한 한천 가루를 냄비에 부어 주세요.

3. 약불에서 주걱으로 눌어붙지 않게 저어 가며 3분간 끓여 주세요.

4. 농도가 부드러워지면 불을 끄고 유리 용기 또는 실리콘 용기에 부어 주세요.

🍴 응용 레시피

귤양갱: 홍시 100g을 귤 100g으로 대체할 수 있습니다.

5. 실온에서 1시간 또는 냉장고에서 30분간 굳혀 주세요.

6. 완성된 양갱은 먹기 좋은 크기로 잘라 제공해 주세요.

중기 이유식 단계부터

아기
리코타치즈

요거트와 우유를 활용해 만든 정말 쉬운 레시피입니다. 아이에게 엄마가 직접 만든 리코타치즈를 맛보여 주면 아마 다른 치즈는 찾지 않을지도 모릅니다.

재료 5회분 기준

요거트	200ml
우유	400ml
레몬즙(또는 식초)	30ml

만드는 법 ⏱ 20분 소요

1. 냄비에 요거트를 부어 주세요.

2. 우유와 레몬즙까지 넣고 잘 섞어 주세요.

3. 약불에서 5분간 끓여 주세요, 이때 내용물을 주걱으로 젓지 말아 주세요.

4. 노르스름한 유청이 분리되면 불을 꺼 주세요.

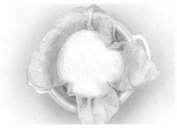

5. 채반 위에 면보를 깔고 내용물을 부어 유청을 걸러 내 주세요.

6. 건더기를 면보로 덮고 냉장 보관하여 굳혀 주세요.

중기 이유식 단계부터

요거트바크

바크(Bark)는 나무껍질을 의미하는데, 디저트 분야에서는 얇고 거친 초콜릿을 바크 초콜릿이라 부릅니다. 아이에게는 초콜릿을 먹일 수 없어 요거트로 바크를 만들어 보았습니다.

재료　　3회분 기준

그릭요거트	80g
땅콩버터	5g

토핑

과일	소량

만드는 법　　 5분 소요

1. 쟁반에 종이 포일을 깔고 그 위에 그릭 요거트를 얇게 펴 주세요.

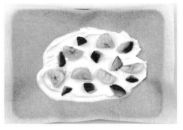

2. 아이가 좋아하는 과일을 잘게 썰어 그 릭요거트 위에 올려 주세요.

3. 땅콩버터를 숟가락으로 퍼 군데군데 떨어뜨려 주세요.

4. 5시간 이상 냉동 보관하여 굳혀 주세요.

🌸 도림맘 노하우

3단계에서 아가베 시럽을 발라도 맛있습니다.

5. 완성된 바크는 먹기 좋은 크기로 잘라 주세요.

CHAPTER
10

돌 이후 즐기는
건강한 유아식

완료기 이유식 단계부터

만두피
에그타르트

복잡한 타르트 반죽 과정 대신 만두피를 활용해 만든 메뉴입니다. 만두피로 만든 에그타르트는 간단한 데다 맛도 좋아 온 가족이 다 함께 즐길 수 있는 메뉴입니다.

재료	1회분 기준
만두피	2장
요거트	50g
달걀노른자	1개

만드는 법　　　　　　　　　　　　　　🕐 15분 소요

 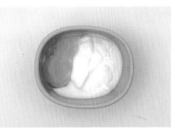

1. 만두피를 실리콘 머핀틀 바닥에 깔아 주세요.

2. 볼에 요거트와 달걀노른자를 넣고 잘 섞어 필링을 만들어 주세요.

 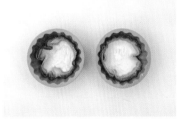

3. 2를 머핀틀에 채워 주세요.

4. 오븐 예열 없이 200℃에서 10분간 구워 주세요.

🍴 응용 레시피

식빵에그타르트: 만두피 대신 식빵을 얇게 눌러 실리콘 머핀틀 바닥에 깔아 주세요.

🍀 도림맘 노하우

· 에어프라이어 사용 시 예열 없이 180℃에서 10분간 구워 주세요.

· 필링에 설탕 5g을 추가하면 달콤한 만두피에그타르트가 완성됩니다.

완료기 이유식 단계부터

만두피
사과파이

마트에서 손쉽게 구매하기 어려운 파이지 대신 만두피를 활용해 사과파이를 만들어 보세요. 만두피가 얇아 바삭하게 즐길 수 있습니다.

재료	1회분 기준
만두피	2장
사과퓌레	30g
시나몬 가루	두 꼬집

만드는 법   ⏱ 15분 소요

1. 만두피를 오븐 팬 위에 깔아 주세요.

2. 만두피 위에 사과퓌레를 15g씩 올려 주세요.

3. 사과퓌레 위에 시나몬 가루를 한 꼬집씩 뿌려 주세요.

4. 만두피의 네 방향을 차례로 접어 사과퓌레를 감싸 주세요.

🍀 도림맘 노하우

• 에어프라이어 사용 시 예열 없이 160℃에서 10분간 구워 주세요.

• 사과퓌레 대신 잘게 썬 사과를 넣어도 좋습니다.

5. 오븐 예열 없이 170℃에서 10분간 구워 주세요.

완료기 이유식 단계부터

만두피
피자

만두피를 활용한 또 다른 간식은 없을까 고민하다 개발한 메뉴입니다. 자투리 채소와 햄을 잘게 썰어 피자 토핑으로 올려 보세요. 아이들보다 어른들이 더 좋아하는 만두피피자입니다.

재료	1회분 기준
만두피	1장
양파	5g
파프리카	5g
햄	5g
아기 치즈	1장
케첩	5g
현미유	적당량

만드는 법　　　　　　　　　　　⏱ 10분 소요

1. 양파, 파프리카, 햄을 잘게 썰어 준비해 주세요.

2. 팬에 현미유를 두르고 손질한 재료를 볶아 주세요.

3. 양파가 반투명해지면 불을 끄고 케첩을 넣어 버무려 주세요.

4. 오븐 팬 위에 만두피를 깔고 케첩으로 버무린 재료를 올려 주세요.

🌸 도림맘 노하우

에어프라이어 사용 시 예열 없이 180℃에서 5분간 구워 주세요.

5. 4에 아기 치즈를 올리고 오븐 예열 없이 200℃에서 5분간 구워 주세요.

완료기 이유식 단계부터

두부핫
비스킷

재료	2회분 기준
으깬 두부	60g
쌀가루	60g
우유	20ml
무염버터	10g

🐾 도림맘 노하우

에어프라이어 사용 시 예열 없이 180℃에서 7분간 굽고 뒤집어 8분 간 더 구워 주세요.

패스트푸드점에서 판매하는 비스킷을 생각하며 만든 간식입니다. 무 염버터를 활용해 풍미를 살리고 밀가루 대신 쌀가루와 두부를 넣어 건 강까지 챙겼습니다.

만드는 법   ⏱ 20분 소요

1. 볼에 으깬 두부, 쌀가루, 우유, 무염버 터를 넣고 한 덩어리로 반죽해 주세요.

2. 반죽을 반으로 나누어 둥글납작하게 만들고 오븐 팬 위에 올려 주세요.

3. 오븐 예열 없이 200℃에서 7분간 굽고 뒤집어 8분간 더 구워 주세요.

완료기 이유식 단계부터

아기맛밤

재료   2회분 기준

날밤	150g
배즙(또는 사과즙)	2포

🌸 도림맘 노하우

배즙이 모두 졸았음에도 밤이 덜 익었다면 물을 붓고 좀 더 익혀 주세요.

맛밤을 좋아하는 아이를 위해 만들어 본 간식입니다. 설탕을 대체할 다른 뭔가가 없을까 고민하다 과즙을 떠올렸습니다. 마트에서 판매하는 맛밤과 닮은 아기맛밤을 집에서 만들어 보세요.

만드는 법   ⏱ 20분 소요

1. 밤의 껍질을 모두 제거하고 배즙과 함께 냄비에 넣어 주세요.

2. 뚜껑을 닫고 약불에서 15분간 밤을 익혀 주세요.

3. 배즙이 졸아들 때까지 끓여 주세요.

Chapter 10 돌 이후 즐기는 건강한 유아식

완료기 이유식 단계부터

고구마
라이스호떡

이번에는 라이스페이퍼를 활용해 국민간식 호떡을 만들어 봤습니다.
밀가루와 설탕 대신 라이스페이퍼와 고구마를 사용했는데요. 아이들
에게 엄마만이 할 수 있는 건강한 간식을 만들어 주세요.

재료	1회분 기준
라이스페이퍼	1장
삶은 고구마	50g
아기 치즈	1장
현미유	적당량

만드는 법   ⏱ 10분 소요

1. 라이스페이퍼는 물에 적셔 부드럽게
만들어 주세요.

2. 물기를 제거한 라이스페이퍼 위에 가
볍게 으깬 삶은 고구마를 올려 주세요.

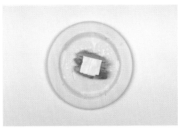

3. 그 위에 아기 치즈까지 올려 주세요.

4. 라이스페이퍼를 접어 고구마를 감싸
주세요.

5. 팬에 현미유를 두르고 4의 고구마라이
스호떡을 올려 주세요.

6. 3분 간 굽고 한쪽 면이 익으면 뒤집어
반대쪽도 3분간 구워 주세요.

완료기 이유식 단계부터

바나나식빵

돌 이후 밀가루 섭취에 자유로운 시기가 오면 담백한 식빵을 자주 먹이게 됩니다. 그러나 식빵 양이 워낙 많아 대부분 버리게 되는데요. 식빵을 빨리 소진하기 위해 만들어 본 간식입니다.

재료	2회분 기준
바나나	1개
식빵	1/2장
달걀	1개
우유	50ml
시나몬 가루	한 꼬집

만드는 법 20분 소요

1. 바나나는 볼에 넣어 으깨 주세요.

2. 식빵을 잘게 잘라 넣어 주세요.

3. 달걀, 우유, 시나몬 가루까지 넣고 재료를 잘 섞어 주세요.

4. 반죽은 실리콘 머핀틀에 나누어 담아 주세요.

🍴 도림맘 노하우

에어프라이어 사용 시 예열 없이 180℃에서 15분간 구워 주세요.

5. 오븐 예열 없이 200℃에서 15분간 구워 주세요.

완료기 이유식 단계부터

고구마
호두파이

삶은 고구마와 쌀가루로 타르트지를 만들었습니다. 달콤한 타르트지 위에 호두를 올려 맛있는 간식을 만들어 보세요. 빵집에 가지 않아도 훌륭한 간식을 만들 수 있답니다.

재료	2회분 기준
삶은 고구마	80g
쌀가루	20g

속재료	
달걀노른자	1개
우유	15ml
호두	1~2개

만드는 법

 20분 소요

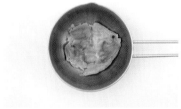

1. 삶은 고구마는 볼에 넣어 으깨 주세요.

2. 쌀가루까지 넣고 한 덩어리로 반죽해 주세요.

3. 반죽은 실리콘 머핀틀에 나누어 담고 바닥에 꾹꾹 눌러 주세요.

4. 다른 볼에 달걀노른자와 우유를 섞어 필링을 만들어 주세요.

🌸 도림맘 노하우
• 에어프라이어 사용 시 예열 없이 170℃에서 15분간 구워 주세요.
• 토핑으로 아이가 좋아하는 과일을 올려도 좋습니다.

5. 반죽 위에 필링을 채워 주세요.

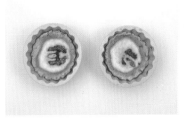

6. 마지막으로 호두를 올리고 오븐 예열 없이 180℃에서 15분간 구워 주세요.

Chapter 10 돌 이후 즐기는 건강한 유아식

완료기 이유식 단계부터

토마토 채소빵

토마토를 활용해 간식을 만들어 봤습니다. 토마토를 먹지 않는 아이들의 입맛도 사로잡을 수 있는 토마토채소빵인데요. 식빵이 들어가 아이들이 참 좋아합니다.

재료   2회분 기준

재료	분량
토마토	50g
양파	20g
식빵	1장
달걀	1개

만드는 법   ⏱ 20분 소요

1. 토마토는 십자(+) 모양으로 칼집을 내고 끓는 물에 데쳐 껍질을 벗겨 주세요.

2. 믹서에 손질한 토마토, 양파, 식빵을 넣고 갈아 주세요.

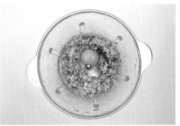

3. 달걀을 넣고 섞어 주세요.

4. 반죽은 실리콘 머핀틀에 나누어 담아 주세요.

🌳 도림맘 노하우

에어프라이어 사용 시 예열 없이 160℃에서 15분간 구워 주세요.

5. 오븐 예열 없이 170℃에서 15분간 구워 주세요.

완료기 이유식 단계부터

바나나 크림치즈 케이크

아기 치즈 대신 크림치즈를 넣어 만든 부드러운 케이크입니다. 영유아는 물론 어린이까지 즐겨 먹을 수 있는 간식입니다.

재료   1회분 기준

바나나	50g
크림치즈	30g
쌀가루	20g
달걀	1개

만드는 법 20분 소요

1. 볼에 바나나와 크림치즈를 넣고 주걱으로 바나나를 으깨며 섞어 주세요.

2. 1에 쌀가루와 달걀까지 넣고 반죽해 주세요.

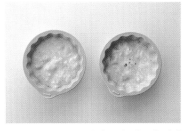

3. 반죽은 실리콘 머핀틀에 나누어 담아 주세요.

4. 오븐 예열 없이 170℃에서 15분간 구워 주세요.

🍴 응용 레시피

딸기바나나크림치즈케이크: 딸기 35g, 바나나 35g, 크림치즈 30g, 쌀가루 40g, 달걀 1개로 재료를 대체할 수 있습니다.

🥦 도림맘 노하우

· 에어프라이어 사용 시 예열 없이 160℃에서 15분간 구워 주세요.

· 크림치즈가 부담스러운 경우 아기 치즈 1장으로 대체해 주세요.

아기수제비

우리 아이가 정말 좋아하는 메뉴입니다. 수제비 반죽도 어렵지 않게 뚝딱 만들 수 있는데요. 생각보다 복잡하지 않으니 아이를 위해 직접 수제비를 만들어 보세요.

재료　2회분 기준

아기 육수	500ml
당근	10g
애호박	15g

반죽

밀가루	60g
물	40ml

만드는 법　⏱ 10분 소요

1. 볼에 밀가루를 넣고 물을 조금씩 따르며 한 덩어리로 반죽해 주세요.

2. 반죽은 가루가 보이지 않을 정도로 치대고 1시간 정도 냉장 숙성해 주세요.

3. 멸치로 우린 아기용 육수를 준비하고 당근과 애호박은 채 썰어 주세요.

4. 냄비에 준비한 육수와 채소를 넣고 한소끔 끓여 주세요.

🌸 도림맘 노하우

마지막에 들깨를 추가하면 들깨 수제비, 달걀물을 풀어 넣으면 달걀 수제비가 됩니다.

5. 육수가 끓어오르면 반죽을 얇게 떼어내 냄비에 넣고 7분간 더 끓여 주세요.

완료기 이유식 단계부터

크림떡볶이

크림떡볶이는 한 끼 식사를 대신해 제공하기 좋은 메뉴입니다. 우유와 치즈가 고소함을 배가시켜 아이들이 정말 잘 먹는 간식이랍니다.

재료	1회분 기준
쌀떡	50g
소시지	5g
브로콜리	5g
송이버섯	5g
아기 치즈	1장
우유	50ml

만드는 법 ⏱ 10분 소요

1. 쌀떡과 소시지는 적당한 크기로 잘라 팬에 넣고 끓는 물에 데쳐 주세요.

2. 물은 버리고 팬에 잘게 썬 브로콜리와 송이버섯, 우유를 넣고 끓여 주세요.

3. 우유가 끓어오르면 팬에 아기 치즈를 올리고 약불에서 졸여 주세요.

4. 치즈가 녹으면 음식을 그릇에 담아 한 김 식혀 주세요.

완료기 이유식 단계부터
로제떡볶이

시판 토마토소스는 염분이 많아 아이에게 자극적인데요. 그래서 생 토마토와 우유를 활용해 직접 로제떡볶이를 만들어 봤습니다. 떡볶이 하나도 건강을 생각한 엄마의 마음을 담은 레시피입니다.

재료　1회분 기준

쌀떡	60g
소시지	5g
토마토	1개
새송이버섯	5g
아기 치즈	1장
우유	60ml
현미유	적당량

만드는 법　⏱ 10분 소요

1. 토마토는 십자(+) 모양으로 칼집을 내고 끓는 물에 데쳐 껍질을 벗겨 주세요.

2. 쌀떡과 소시지는 적당한 크기로 잘라 팬에 넣고 끓는 물에 데쳐 주세요.

3. 물은 버리고 현미유를 두른 후 토마토와 새송이버섯을 썰어 넣고 볶아 주세요.

4. 재료를 볶는 과정에서 토마토가 모두 으스러지면 우유를 넣고 끓여 주세요.

5. 우유가 끓어오르면 팬에 아기 치즈를 올리고 약불에서 졸여 주세요.

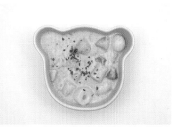

6. 치즈가 녹으면 음식을 그릇에 담아 한 김 식혀 주세요.

SNS 단골 질문

SNS에 아이간식 레시피를 올리다 보니 많은 엄마들로부터 여러 가지 질문을 받습니다. 아래의 Q&A는 많은 분이 공통으로 궁금해하는 내용을 모은 것입니다. 가장 많이 묻는 질문과 답변을 위주로 정리했으니 참고해 주세요.

질문 도림맘의 아이간식 재료로 달걀이 자주 포함되는데 달걀을 매일 먹여도 괜찮을까요?

답변 달걀은 우리나라의 경우 돌 전 아이에게 1주일에 2~3개를 권장하며, 외국의 경우 1주일에 7개까지 허용하고 있습니다. 아이마다 섭취하는 영양소가 달라 개수를 무조건 제한하기보다는 과다 섭취를 경계하며 알맞게 제공하는 것이 좋습니다. 아이가 다른 단백질원으로부터 콜레스테롤이나 포화지방을 과다 섭취하지 않고, 다른 음식을 골고루 매일 먹고 있다면 하루에 달걀 1~2개를 섭취하는 것은 크게 문제가 되지 않습니다.

질문 쌀가루를 대체할 수 있는 재료로는 어떤 것이 있나요?

답변 쌀가루를 대신해 찹쌀가루, 현미가루, 아몬드 가루, 밀가루 등을 이용할 수 있습니다. 찹쌀가루의 경우 더욱 쫀득한 식감을 낼 수 있으며 현미가루는 약간 텁텁할 수 있습니다. 아몬드 가루만 넣는 경우 완성된 간식이 쉽게 부서질 수 있어 밀가루와 혼용해 사용하는 것을 권장합니다. 밀가루는 박력분을 추천하며 밀가루만 쓰면 뻑뻑할 수 있으니 베이킹파우더를 소량(2g) 섞어 주세요.

질문 간식이 한 끼 식사 대용이 될 수 있을까요?

답변 네, 가능합니다. 이유식을 만들기 시작하며 매 끼니 새로운 식단을 챙겨야 한다는 부담감에 스트레스를 받은 기억이 있습니다. 이러한 스트레스를 줄이기 위해서 간식을 만들기 시작했습니다. 형태만 다를 뿐 간식과 이유식의 주재료는 크게 다르지 않습니다. 따라서 간식을 넉넉히 제공하면 든든한 한 끼 식사가 됩니다. 특

히 정신없이 바쁜 아침에 도림맘의 아이간식 레시피를 적극적으로 활용해 보세요. 간편하지만 건강한 아침 한 끼를 완성할 수 있습니다.

질문 도림맘의 아이간식으로 아이주도식을 시도해도 될까요?

답변 네, 가능합니다. 아이가 직접 손으로 집어서 입에 넣는 과정을 통해 소근육도 길러지고, 또 저작운동과 구토 반사를 반복적으로 경험해 스스로 식사량을 조절하며 먹는 방법을 터득하게 됩니다. 그래서 간식은 아이주도식에 도움이 된다고 생각합니다. 간식으로 한 끼 식사를 대용해서 그런지 도림이의 소근육 발달은 정말 빨랐고, 지금도 소근육 발달이 잘되어 있습니다.

질문 이유식을 잘 먹지 않는 우리 아이에게 간식을 줘도 될까요?

답변 아이는 활동량에 비해 한 번에 많은 양의 음식을 섭취하기 어렵기 때문에 여러 번에 나누어 영양소를 공급해 주어야 합니다. 따라서 이유식을 잘 먹지 않더라도 간식을 통해 필요한 영양소를 공급하면 됩니다. 배고파하는 시간을 기다린 다음 음식을 제공한다고 해서 아이가 다 먹는 것은 아닙니다. 아이는 아직 인내심이 부족하기 때문에 짜증만 더 심해질 수 있습니다. 순한 아이의 지름길은 뭐든 잘 먹는 아이가 아닐까요? 아이의 컨디션에 따라 잘 먹던 음식을 안 먹기도 하고 안 먹던 음식을 잘 먹기도 합니다. 안 먹는 아이의 흥미를 자극하기 위해 다양한 방법으로 영양소를 공급하는 걸 추천합니다.

질문 도림맘은 왜 월령별 식재료를 권장하지 않나요?

답변 과거에는 식재료를 아이들의 월령에 따라 분류하고 이를 따르는 것을 권장했습니다. 그러나 최근 국내외 연구 결과에 따르면 알레르기를 유발할 가능성이 있는 식품일지라도 초기 이유식 단계부터 섭취하는 것이 훗날 알레르기를 예방할 수 있다고 말합니다. 이유식을 먹기 시작하는 순간부터 다양한 식재료를 경험할수록 알레르기 반응 가능성이 적어지는 것입니다. 물론 특정 식재료가 아이에게 알레르기 반응을 유발한다면 그 순간 섭취를 중단하고 다른 재료를 사용하는 것이 맞습니다. 아이의 식사 반응을 살펴 가며 식재료를 고르는 과정이 중요합니다.

질문 간식을 만들었는데 빵이 떡 같습니다. 제대로 만든 게 맞나요?

답변 도림맘은 밀가루 대신 쌀가루를 이용해 아기간식을 만들고 있습니다. 쌀가루의 경우 죽이나 떡을 만드는 재료로 사용하기 때문에 빵보다는 떡에 가까운 식감이 맞습니다. 폭신한 질감을 만들고 싶다면 박력 밀가루를 사용해 보세요.